电气工程
读图识图与造价

本书编委会 编写

DIANQI GONGCHENG
DUTU SHITU YU ZAOJIA

U0339793

知识产权出版社
全国百佳图书出版单位

内容提要

本书根据《建设工程工程量清单计价规范》GB 50500—2013、《通用安装工程工程量计算规范》GB 50856—2013、《建筑制图标准》GB/T 50104—2010、《总图制图标准》GB/T 50103—2010、《全国统一安装工程预算定额（第二册 电气设备安装工程）》GYD—202—2000 等现行标准规范编写，主要阐述了电气工程施工图的识读，电气工程造价构成与计算，电气工程定额计价，电气工程清单计价，电气工程工程量计算，电气工程造价的编制与审查等内容。

本书可供电气工程造价编制与管理人员使用，也可供高等院校相关专业师生学习参考。

责任编辑：陆彩云　牛　闯　　责任出版：卢运霞

图书在版编目（CIP）数据

电气工程读图识图与造价/《电气工程读图识图与造价》编委会编写. --北京：知识产权出版社，2013.9
（建设工程读图识图与工程量清单计价系列）
ISBN 978-7-5130-2333-7

Ⅰ. ①电…　Ⅱ. ①电…　Ⅲ. ①电气设备－建筑安装工程－建筑制图－识别②电气设备－建筑安装工程－工程造价
Ⅳ. ①TU85②TU723.3

中国版本图书馆 CIP 数据核字（2013）第 233633 号

建设工程读图识图与工程量清单计价系列

电气工程读图识图与造价

本书编委会　编写

出版发行：知识产权出版社

社　　址：北京市海淀区马甸南村 1 号　　　　　邮　编：100088
网　　址：http://www.ipph.cn　　　　　　　　　邮　箱：lcy@cnipr.com
发行电话：010－82000893　　　　　　　　　　　传　真：010－82000860 转 8240
责编电话：010－82000860 转 8110/8382　　　　责编邮箱：21183407@qq.com
印　　刷：北京雁林吉兆印刷有限公司　　　　　经　销：新华书店及相关销售网点
开　　本：720mm×960mm　1/16　　　　　　　　印　张：16
版　　次：2014 年 1 月第 1 版　　　　　　　　　印　次：2014 年 1 月第 1 次印刷
字　　数：286 千字　　　　　　　　　　　　　　定　价：45.00 元

ISBN 978-7-5130-2333-7

《电气工程读图识图与造价》
编写人员

主　编　曹美云

参　编　（按姓氏笔画排序）

于　涛　马文颖　王永杰　刘艳君

何　影　佟立国　张建新　李春娜

邵亚凤　姜　媛　赵　慧　陶红梅

曾昭宏　韩　旭　雷　杰

前　言

随着市场经济的建立和发展,我国建筑业的规模、效益与素质不断提高,施工企业要想在竞争中取胜,更有效地利用建设投资,就必须加强对工程造价的控制。而作为建筑安装工程之一的电气安装工程,它占据的比重也日益增大,它所编制的造价水平高低直接影响到整个建筑工程造价。电气工程造价工作是一项专业性、知识性、政策性很强的工作,它不仅需要掌握一定的造价专业知识和有关政策、法规,还要了解有关专业施工图制图与识图等多方面的知识。同时,随着与国际市场的接轨,我国的工程造价管理模式也在不断演进,自2008年版《建设工程工程量清单计价规范》取代2003年版《建设工程工程量清单计价规范》后,2013年又颁布实施了《建设工程工程量清单计价规范》GB 50500—2013、《通用安装工程工程量计算规范》GB 50856—2013等9个计量规范。基于上述原因,我们组织一批多年从事工程造价编制工作的专家、学者编写了这本《电气工程读图识图与造价》。

本书共六章,主要内容包括:电气工程施工图的识读,电气工程造价构成与计算,电气工程定额计价,电气工程清单计价,电气工程工程量计算,电气工程造价的编制与审查等。在内容上力求结合电气工程造价的特点及最新文件精神,把电气工程量清单计价的新内容、新方法、新规定等引入,理论联系实际。本书具有依据明确、内容翔实、实例具体、技巧灵活、可操作性强等特点。本书可供电气工程造价编制与管理人员使用,也可供高等院校相关专业师生学习参考。

由于编者学识和经验有限,虽经编者尽心尽力,但仍难免存在疏漏或不妥之处,望广大读者批评指正。

编　者

2013年12月

前　言

目　　录

第一章 电气工程施工图的识读

第一节 电气施工图概述

一、电气施工图基本知识

1. 电气施工图的组成

电气施工图是电气工程设计人员对工程内容构思的一种文字和图纸的表达。它用国家统一规定的图形符号并辅以必要的文字说明，将设计人员所设计的电源及变配电装置、电气设备安装位置、配管配线方式、灯具安装种类、规格、型号、数量及其相互间的联系等表示出来的一种图纸。

建筑电气工程施工图的分为多个种类，主要包括照明工程施工图、变电所工程施工图、动力系统施工图、电气设备控制电路图、防雷与接地工程施工图等。

2. 电气施工图的内容

成套的建筑电气工程施工图的内容随工程大小和不同的复杂程度有所差异，其主要内容一般应包括下列几个部分：

1）封面　封面上主要包括工程项目名称、分部工程名称、设计单位等内容。

2）图纸目录　图纸目录是图纸内容的索引，主要有序号、图纸名称、图号、张数、张次等。有利于有目的、有针对性地查找、阅读图纸。

3）设计说明　设计说明主要描述设计者应该集中说明的问题。诸如：设计依据、建筑工程特点、等级、设计参数、安装要求和方法、图中所用非标准图形符号及文字符号等。帮助读图者了解设计者的设计意图及对整个工程施工的要求，提高读图效率。

4）主要设备材料表　主要设备材料表通过表格的形式描述该工程设计所使用的设备及主要材料。主要有序号、设备材料名称、规格型号、单位、数量等主要内容，为编写工程概预算及设备、材料的订货提供依据。

5）系统图　系统图是指用图形符号概略表示系统或分系统的基本组成、相互关系及其主要特征的一种简图。整个建筑物内的配电系统和容量分配情况、配电装置、导线型号、截面、敷设方式及管径等在系统图上都要标注。

6）平面图　平面图是指在建筑平面图的基础上，用图形符号和文字符号画出电气设备、装置、灯具、配电线路、通信线路等的安装位置、敷设方法和部位的图纸，属于位置简图，是安装施工和编制工程预算的主要依据。一般包括动力平面图、照明平面图、综合布线系统平面图、火灾自动报警系统施工平面图等。由于这类图纸是用图形符号绘制的，因此不能反映设备的外形大小和安装方法，施工时必须按照设计要求选择与其相对应的标准图集进行。

建筑电气工程中变配电室平面图与其他平面图不同，它严格依设备外形，按照一定比例和投影关系绘制，用来表示设备安装位置的图纸。为了表示出设备的空间位置，这类平面图一定要与按三视图原理绘制出的立面图或剖面图一同出现。这类图我们一般称为"位置图"，而不能称为"位置简图"。

7) 电路图 电路图是指用图形符号并按工作顺序排列，详细表示电路、设备或成套装置的全部基本组成和连接关系，而不考虑实际位置的一种简图。这种图通常习惯称为"电气原理图"或"原理接线图"，便于详细理解它的作用原理、分析和计算电路特性，是不可缺少的建筑电气工程图种之一，主要用于设备的安装接线和调试。电路图大多采用功能布局法绘制，能够看清整个系统的动作顺序，利于电气设备安装施工过程中的校线和调试。

8) 安装接线图 安装接线图表示出成套装置、设备或装置的连接关系，用于进行接线和检查的一种简图。各元件间的功能关系及动作顺序在图中不能体现，但在进行系统校线时与电路图配合能很快查出元件触点位置及错误。

9) 详图 详图（大样图、国家标准图）是用来表示电气工程中某一设备、装置等的具体安装方法的图纸。我国各设计院一般不设计详图，而只给出参照"××标准图集××图实施"的要求。

3. 电气施工图特点

建筑电气工程施工图的特点如下：

1) 采用标准的图形符号及文字符号绘制出来的建筑电气工程施工图，属简图之列。所以，要阅读建筑电气工程施工图，首先就必须认识和熟悉这些图形符号所代表的内容和含义，以及它们之间的相互关系。

2) 电路是电流、信号的传输通道，任何电路都必须构成闭合回路。只有构成闭合回路，才能使电流流通，电气设备才能正常工作，这是我们判断电路图是否正确的首要条件。一个电路由四个基本要素组成：电源、用电设备、导线、控制设备。

当然，要真正读懂图纸，还必须了解设备的基本结构、工作原理、工作程序、主要性能和用途等。

3) 电路中的电气设备、元件等，相互之间都是通过导线连接起来构成一个整体。因为导线可长可短，能够比较方便地跨越较远的空间距离，所以电气工程图有时就不如机械工程图或建筑工程图那样比较集中、直观。有时电气设备安装位置在 P 处,而控制设备的信号装置、操作开关则可能在很远的 R 处,且两者也不在同一张图纸上。了解这一特点,就可将各有关的图纸联系起来,对照阅读,能很快实现读图目的。一般来说,应通过系统图、电路图找联系,通过布置图、接线图找位置,交错阅读,这样可提高读图效率。

4) 建筑电气工程涉及较多专业技术,要读懂施工图不能只要求认识图形符号,而且要求具备一定的相关技术的基础知识。

5) 由于都是在建筑平面图的基础上绘制建筑电气工程施工平面图,所以要求看图者应具有一定的建筑图阅读能力。建筑电气和智能建筑工程的施工与建筑主体工程及其他安装工程(给水排水、通风空调、设备安装等工程)施工相互配合进行,因此,建筑电气工程施工图不能与建筑结构图及其他安装工程施工图发生冲突。例如,各种线路(线管、线槽等)的走向与建筑结构的梁、柱、门窗、楼板的位置、走向有关,还与各种管道的规格、用途、走向有关;安装方法与墙体结构、楼板材料有关;特别是某些暗敷线路、电气设备基础及各种电气预埋件与土建工程更关系密切。因此,阅读建筑电气工程施工图时应对应阅读相关的土建工程图、管道工程图,了解相互之间的配合关系。

6) 建筑电气工程施工图往往不能完全反映出来所属设备的安装方法、技术要求等。而且也没有必要一一标注清楚,因为这些技术要求在相应的标准图集和规范、规程中均有明确规定。因此,设计人员为保持图面清晰,都采用在设计说明中给出"参照××规范"或"参照××标准图集"的方法。所以,我们在阅读图纸时,有关安装方法、技术要求等问题,要注意阅读并参照执行有关标准图集和有关规范,完全可以满足估算造价和安装施工的要求。

二、电气施工图制图一般规定

1. 图纸幅面、标题栏

(1) 图纸幅面

1) 图幅及图框尺寸应符合表 1-1 的规定及图 1-1～图 1-4 的格式。

表 1-1 图幅及图框尺寸

尺寸代号 \ 图幅代号	A0	A1	A2	A3	A4
$b \times l$	841×1189	594×841	420×594	297×420	210×297
c		10		5	
a			25		

注:表中 b 为幅面短边尺寸,l 为幅面长边尺寸,c 为图框线与幅面线间宽度,a 为图框线与装订边间宽度。

2）需要微缩复制的图纸，其中一个边上应附有一段准确米制尺度，四个边上均附有对中标志，米制尺度的总长应为100mm，分格应为10mm。对中标志应画在图纸内框各边长的中点处，线宽应为0.35mm，并应伸入内框边，在框外为5mm。对中标志的线段，于 l_1 和 b_1 范围取中。

3）图纸的短边尺寸不应加长，A0～A3 幅面长边尺寸可加长，但应符合表 1-2 的规定。

表 1-2 图纸长边加长尺寸 （单位：mm）

幅面代码	长边尺寸	长边加长后的尺寸
A0	1189	1486（A0+1/4l）、1635（A0+3/8l）、1783（A0+1/2l）、1932（A0+5/8l）、2080（A0+3/4l）、2230（A0+7/8l）、2378（A0+l）
A1	841	1051（A1+1/4l）、1261（A1+1/2l）、1471（A1+3/4l）、1682（A1+l）、1892（A1+5/4l）、2102（A1+3/2l）
A2	594	743（A2+1/4l）、891（A2+1/2l）、1041（A2+3/4l）、1189（A2+l）、1338（A2+5/4l）、1486（A2+3/2l）、1635（A2+7/4l）、1783（A2+2l）、1932（A2+9/4l）、2080（A2+5/2l）
A3	420	630（A3+1/2l）、841（A3+l）、1051（A3+3/2l）、1261（A3+2l）、1471（A3+5/2l）、1682（A3+3l）、1892（A3+7/2l）

注：有特殊需要的图纸，可采用 $b×l$ 为 841mm×891mm 与 1189mm×1261mm 的幅面。

4）图纸以短边作为垂直边应为横式，以短边作为水平边应为立式。A0～A3 图纸宜横式使用；必要时，也可立式使用。

5）一个工程设计中，每个专业所使用的图纸，不宜多于两种幅面，不含目录以及表格所采用的 A4 幅面。

（2）标题栏

1）图纸中应有标题栏、图框线、幅面线、装订边线和对中标志。图纸的标题栏以及装订边的位置，应符合下列规定：

①横式使用的图纸，应按图 1-1、图 1-2 的形式进行布置。

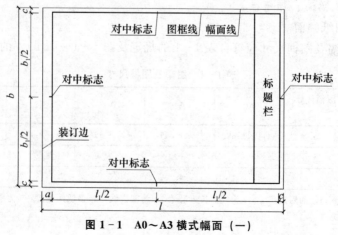

图 1-1 A0～A3 横式幅面 （一）

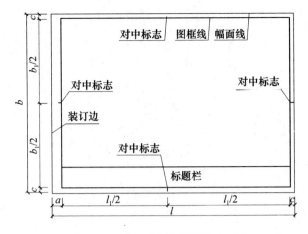

图1-2 A0~A3 横式幅面（二）

② 立式使用的图纸，应按图1-3、图1-4的形式进行布置。

2）标题栏应符合图1-5、图1-6的规定，根据工程的需要选择确定其尺寸、格式及分区。签字栏应包括实名列和签名列，并应符合下列规定：

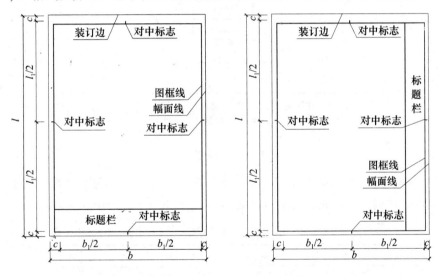

图1-3 A0~A4 立式幅面（一）　　　　图1-4 A0~A4 立式幅面（二）

① 涉外工程的标题栏内，各项主要内容的中文下方应附有译文，设计单位的上方或者左方，应加上"中华人民共和国"字样。

② 在计算机制图文件中使用电子签名与认证时，应符合国家有关《电子签名法》的规定。

2. 图线

1）图线的宽度 b，宜从 1.4、1.0、0.7、0.5、0.35、0.25、0.18、

5

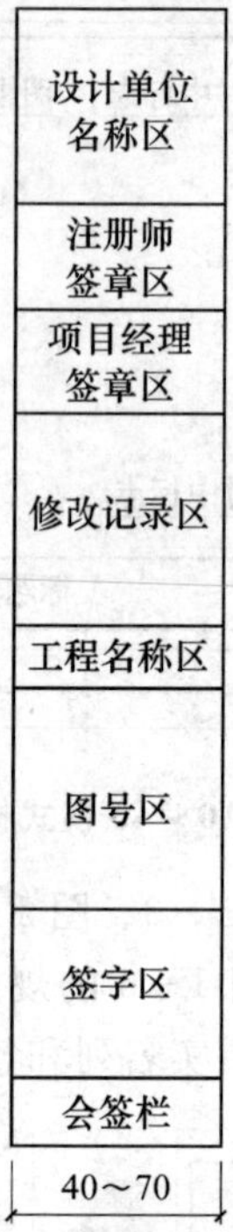

设计单位名称区
注册师签章区
项目经理签章区
修改记录区
工程名称区
图号区
签字区
会签栏

40~70

图 1-5 标题栏 (一)

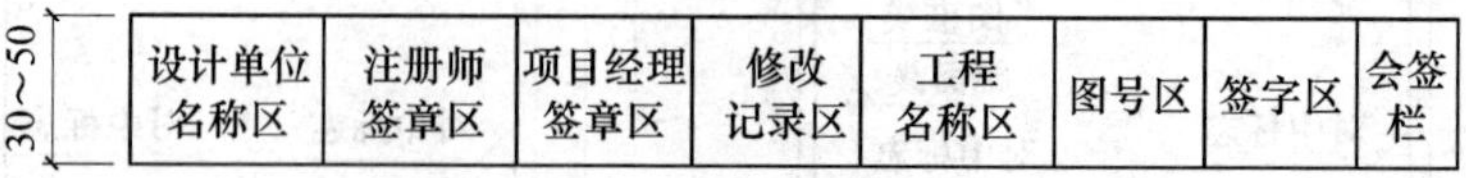

设计单位名称区	注册师签章区	项目经理签章区	修改记录区	工程名称区	图号区	签字区	会签栏

30~50

图 1-6 标题栏 (二)

0.13（mm)线宽系列中选取。图线宽度不应小于 0.1mm。每个图样应根据复杂程度与比例大小，先选定基本线宽 b，再选用表 1-3 中相应的线宽组。

表 1-3 线宽 （单位：mm)

线宽比	线宽组			
b	1.4	1.0	0.7	0.5
$0.7b$	1.0	0.7	0.5	0.35
$0.5b$	0.7	0.5	0.35	0.25
$0.25b$	0.35	0.25	0.18	0.13

注：1. 需要缩微的图纸，不宜采用 0.18mm 及更细的线宽。

2. 同一张图纸内，各不同线宽中的细线，可统一采用较细的线宽组的细线。

2）总图制图应根据图纸功能，按表 1-4 规定的线型选用。

6

表 1-4　图线

名称		线形	线宽	用途
实线	粗	———————	b	1. 新建建筑物±0.00 高度可见轮廓线 2. 新建铁路、管线
	中	——————	0.7b 0.5b	1. 新建构筑物、道路、桥涵、边坡、围墙、运输设施的可见轮廓线 2. 原有标准轨距铁路
	细	——————	0.25b	1. 新建建筑物±0.00 高度以上的可见建筑物、构筑物轮廓线 2. 原有建筑物、构筑物、原有窄轨、铁路、道路、桥涵、围墙的可见轮廓线 3. 新建人行道、排水沟、坐标线、尺寸线、等高线
虚线	粗	— — — —	b	新建建筑物、构筑物地下轮廓线
	中	- - - - - - -	0.5b	计划预留扩建的建筑物、构筑物、铁路、道路、运输设施、管线、建筑红线及预留用地各线
	细	- - - - - - -	0.25b	原有建筑物、构筑物、管线的地下轮廓线
单点长画线	粗	▬ ▬ ▬ ▬	b	露天矿开采界限
	中	—·—·—·—	0.5b	土方填挖区的零点线
	细	—·—·—·—	0.25b	分水线、中心线、对称线、定位轴线
双点长画线	粗	▬ ▬ ▬	b	用地红线
	中	—··—··—	0.7b	地下开采区塌落界限
	细	—··—··—	0.5b	建筑红线
折断线		—/\—	0.5b	断线
不规则曲线		～～～	0.5b	新建人工水体轮廓线

注：根据各类图纸所表示的不同重点确定使用不同粗细线型。

3. 比例

1）图样的比例，应为图形与实物相对应的线性尺寸之比。

2）比例的符号应为"："，比例应以阿拉伯数字表示。

3）比例宜注写在图名的右侧，字的基准线应取平；比例的字高宜比图名的字高小一号或二号，如图 1-7 所示。

平面图　1：100　　⑥ 1：20

图 1-7　比例的注写

4）绘图所用的比例应根据图样的用途与被绘对象的复杂程度，从表 1-5 中选用，并应优先采用表中常用比例。

表 1-5　绘图所用的比例

常用比例	1：1、1：2、1：5、1：10、1：20、1：30、1：50、1：100、1：150、1：200、1：500、1：1000、1：2000
可用比例	1：3、1：4、1：6、1：15、1：25、1：40、1：60、1：80、1：250、1：300、1：400、1：600、1：5000、1：10000、1：20000、1：50000、1：100000、1：200000

5）一般情况下，一个图样应选用一种比例。根据专业制图需要，同一图样可选用两种比例。

6）特殊情况下也可自选比例，这时除应注出绘图比例外，还应在适当位置绘制出相应的比例尺。

4. 坐标标注

1）总图应按上北下南方向绘测。根据场地形状或布局，可向左或右偏转，但不宜超过 45°角。总图中应绘制指北针或风玫瑰图，如图 1-8 所示。

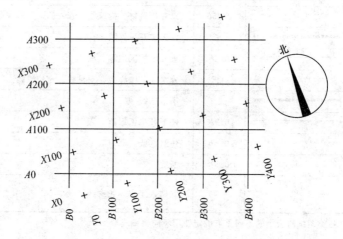

图 1-8　坐标网络

注：图中 X 为南北方向轴线，X 的增量在 X 周线上；Y 为东西方向轴线，Y 的增量在 Y 轴线上。A 轴相当于测量坐标网中的 X 轴，B 轴相当于测量坐标网中的 Y 轴。

2）坐标网格应以细实线表示。测量坐标网应画成交叉十字线，坐标代号宜用"X、Y"表示；建筑坐标网应画成网格通线，自设坐标代号宜用"A、B"表示（图 1-8）。坐标值为负数时，应注"-"号，为正数时，"+"号可以省略。

3）总平面图上有测量和建筑两种坐标系统时，应在附注中注明两种坐标系统的换算公式。

4）表示建筑物、构筑物位置的坐标应根据设计不同阶段要求标注，当建筑物与构筑物与坐标轴线平行时，可注其对角坐标。与坐标轴线成角度或建筑平面复杂时，宜标注三个以上坐标，坐标宜标注在图纸上。根据工程具体情况，建筑物、构筑物也可用相对尺寸定位。

5）在一张图上，主要建筑物、构筑物用坐标定位时，根据工程具体情况也可用相对尺寸定位。

6）建筑物、构筑物、铁路、道路、管线等应标注下列部位的坐标或定位尺寸：

① 建筑物、构筑物的外墙轴线交点。

② 圆形建筑物、构筑物的中心。

③ 皮带走廊的中线或其交点。

④ 铁路道岔的理论中心，铁路、道路的中线或转折点。

⑤ 管线（包括管沟、管架或管桥）的中线交叉点和转折点。

⑥ 挡土墙起始点、转折点墙顶外侧边缘（结构面）。

5. 标高

1）建筑物应以接近地面处的±0.000 标高的平面作为总平面。字符平行于建筑长边书写。

2）总图中标注的标高应为绝对标高，当标注相对标高，则应注明相对标高与绝对标高的换算关系。

3）标高符号应以直角等腰三角形表示，如图 1 - 9（a）所示形式用细实线绘制，当标注位置不够，也可按图 1 - 9（b）所示形式绘制。标高符号的具体画法应符合图 1 - 9（c）、（d）所示的规定。

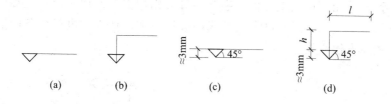

(a)　　　　　(b)　　　　　(c)　　　　　(d)

图 1 - 9　标高符号

L—取适当长度注写标高数字；h—根据需要取适当高度

4）总平面图室外地坪标高符号，宜用涂黑的三角形表示，具体画法应符合图 1 - 10 的规定。

图 1 - 10　总平面图室外地坪标高符号

5）标高符号的尖端应指至被注高度的位置。尖端宜向下，也可向上。标高数字应注写在标高符号的上侧或下侧，如图 1-11 所示。

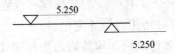

图 1-11　标高的指向

6）标高数字应以"m"为单位，注写到小数点以后第三位。在总平面图中，可注写到小数字点以后第二位。

7）零点标高应注写成±0.000，正数标高不注"＋"，负数标高应注"－"，例如：3.000、－0.600。

8）在图样的同一位置需表示几个不同标高时，标高数字可按图 1-12 的形式注写。

图 1-12　同一位置注写多个标高数字

6. 定位轴线

建筑电气与智能建筑工程线路和设备平面布置图通常是在建筑平面图上完成的。在这类图上一般标有建筑物定位轴线。凡承重墙、柱、梁等主要承重构件的位置所画的轴线，称为"定位轴线"。定位轴线编号的基本原则是：在水平方向，从左向右用顺序的阿拉伯数字；在垂直方向采用拉丁字母（U、O、Z除外），由下向上编号；数字和字母分别用点划线引出。定位轴线标注式样如图 1-13 所示。通过定位轴线能够比较准确地表示电气设备的安装位置，看图时方便查找。

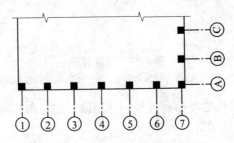

图 1-13　定位轴线标注式样

7. 详图符号

1）图样中的某一局部或构件，如需另见详图，应以索引符号索引，如图

1-14（a）所示。索引符号是由直径为 8～10mm 的圆和水平直径组成，圆及水平直径应以细实线绘制。索引符号应按下列规定编写：

①索引出的详图，如与被索引的详图同在一张图纸内，应在索引符号的上半圆中用阿拉伯数字注明该详图的编号，并在下半圆中间画一段水平细实线，如图 1-14（b）所示。

②索引出的详图，如与被索引的详图不在同一张图纸内，应在索引符号的上半网中用阿拉伯数字注明该详图的编号，在索引符号的下半圆用阿拉伯数字注明该详图所在图纸的编号，如图 1-14（c）所示。数字较多时，可加文字标注。

③索引出的详图，如采用标准图，应在索引符号水平直径的延长线上加注该标准图集的编号，如图 1-14d 所示。需要标注比例时，文字在索引符号右侧或延长线下方，与符号下对齐。

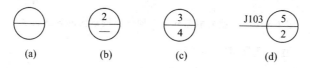

图 1-14　索引符号

2）索引符号当用于索引剖视详图，应在被剖切的部位绘制剖切位置线，并以引出线引出索引符号，引出线所在的一侧应为剖视方向。索引符号的编写应符合上述第 1）条的规定，如图 1-15 所示。

3）零件、钢筋、杆件、设备等的编号宜以直径为 5～6mm 的细实线圆表示，同一图样应保持一致，其编号应用阿拉伯数字按顺序编写，如图 1-16 所示。消火栓、配电箱、管井等的索引符号，直径宜为 4～6mm。

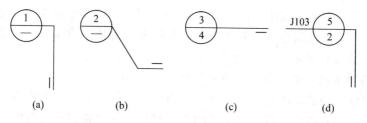

图 1-15　用于索引剖面详图的索引符号

图 1-16　零件、钢筋等的编号

4）详图的位置和编号应以详图符号表示。详图符号的圆应以直径为

14mm粗实线绘制。详图编号应符合下列规定：

① 详图与被索引的图样同在一张图纸内时，应在详图符号内用阿拉伯数字注明详图的编号，如图1-17所示。

图1-17　与被索引图样同在一张图纸内的详图符号

② 详图与被索引的图样不在同一张图纸内时，应用细实线在详图符号内画一水平直径，在上半圆中注明详图编号，在下半圆中注明被索引的图纸的编号，如图1-18所示。

图1-18　与被索引图样不在同一张图纸内的详图符号

三、电气工程施工图常用图例

1. 建筑电气工程施工图的图示特点

电气施工图的图示特点是采用投影法绘制。画图时要选取合适的比例，细部构造配以较大比例的详图并加以文字说明，由于电气构、配件和材料种类繁多，常采用国标中相关规定和图例来表示。电气施工图和其他图样一样，要遵守统一性、正确性和完整性的原则。统一性，是指各类工程图样的符号、文字和名称前后一致；正确性，是指图样的绘制准确无误，符合国家标准，且能正确指导施工；完整性，是指各类技术文件齐全。

一套完整的电气施工图一般包括：目录，电气设计说明，电气系统图，电气平面图，设备控制图，设备安装大样图（详图），安装接线图，设备材料表等。对不同的建筑电气工程项目，在能够表达清楚的前提下，依照具体情况，可作适当的取舍。

2. 导体和连接件平面布置图形符号

电气施工图的设计必须按照建筑设施的电气简图进行。通常需要使用国家标准规定的有关电气简图内使用的图形符号。下面将建筑制图中最常用的《电气简图图形符号　第3部分：导体和连接件》GB/T 4728.3—2005，《电气简图用图形符号　第4部分：基本无源件》GB/T 4728.4—2005，《电气简图用图形符号　第6部分：电能的发生与转换》GB/T 4728.6—2008，《电气简图用图形符号　第7部分：开关、控制和保护器件》GB/T 4728.7—2008，《电气简图用图形符号　第8部分：测量仪表、灯和信号器件》GB/T 4728.8—2008，《电气简图用图形符号　第11部分：建筑安装平面布置图》

GB/T 4728.11—2008 标准中的图形符号选编如下。

1) 导体包括连接线、端子和支路，符号见表1-6和表1-7。

2) 连接件、连接件类包括连接件和电缆装配附件，符号见表1-8和表1-9。

表 1-6　连接线

名称	图形符号	说明
连线、连接连线组		示例：导线、电缆、电线、传输通路
		如果单线表示一组导线时，导线的数量可画相应数量的短斜线或一条短斜线后加导线的数字表示 连线符号的长度取决于简图的布局 示例：表示三根导线
	—— 110 2×120mm²A1	可标注附加信息，如：电流种类、配电系统、频率、电压、导线数、每根导线的截面积、导线材料的化学符号 导线数后面标其截面积，并用"×"号隔开 若截面积不同，应用"+"号分别将其隔开 示例：表示直流电路，110V，两根 120mm² 铝导线
	3/N～400/230V50Hz 3×120mm²A1+1×50mm²	示例：三相电路，400/230V，50Hz，三根 120mm² 的铝导线，一根 500mm² 的中性线
柔性连接		
屏蔽导线		若几根导体包在同一个屏蔽电缆内或绞合在一起，但这些导体符号和其他导体符号互相混杂，可用本表电缆中的导线的画法。屏蔽电缆或绞合线符号可画在导体混合组符号的上边、下边或旁边，应用连在一起的指引线指到各个导体上表示它们在同一屏蔽电缆或绞合线组内
绞合导线		表示出两根
电缆中的导线		表示出三根
		示例：五根导线，其中箭头所指的两根在同一电缆内
同轴对		若同轴结构不再保持，则切线只画在同轴的一边
屏蔽同轴对		示例：同轴对连到端子

表 1-7 连接、端子和支路

名称	图形符号	说明
连接，连触点	● ○	—
端子 端子板	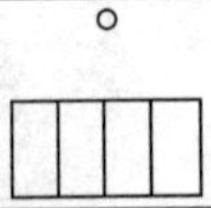	端子板可加端子标志
T形连线	形式1 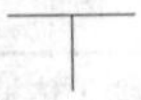	—
	形式2 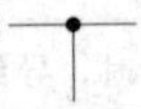	在形式1符号中增加连接符号
	形式3 	导体的双重连接板
支路	*n*	一组相同并重复并联的电路的公共连接应以支路总数取代"*n*"。该数字置于连接符号旁
	10 ─□─ 10	示例：表示10个并联且等值的电阻
中性点	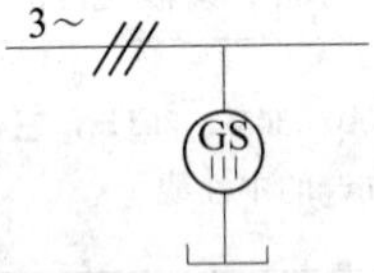 3~ GS	在该点多重导体连接在一起形成多项系统的中性点

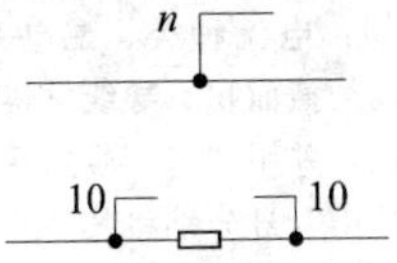

表 1-8 连接件

名称	图形符号	说明
阴接触件（连接器的），插座	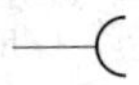	用单线表示法表示的多接触件连接器的阴端
阳接触件（连接器的），插头		用单线表示法表示的多接触件连接器的阳端
插头和插座	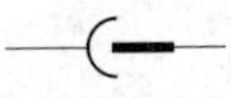	连接
插头和插座，多极	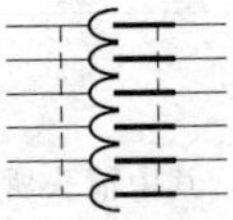	示例：用多线表示六个阴接触件和六个阳接触件的符号
	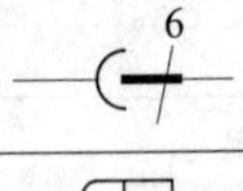 6	示例：用单线表示六个阴接触件和六个阳接触件的符号
配套连接器（组件的固定部分和可动部分）	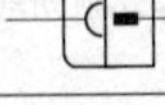	表示插头端固定和插座端可动
电话型插塞和插孔	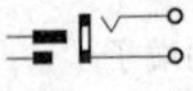	本符号示出了两个极 插塞符号的长极表示插塞尖，短极为插塞

续表

名称	图形符号	说明
触头断开的电话型插塞和插孔	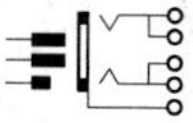	本符号示出了三个极 插塞符号的长极表示插塞尖，短极为插塞
同轴的插头和插座		若同轴的插头和插座接于同轴对时，切线应朝相应的方向延长

表 1-9　电缆装配附件

名称	图形符号	说明
电缆密封终端	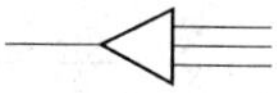	表示带有一根三芯电缆
	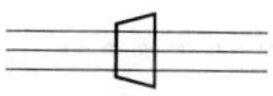	表示带有一根单芯电缆
直通接线盒	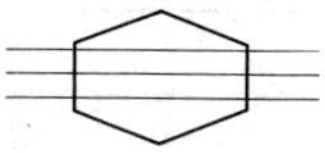	表示带有三根导线，多线表示
	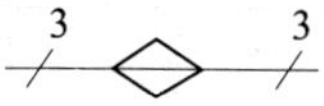	单线表示
电缆接线盒	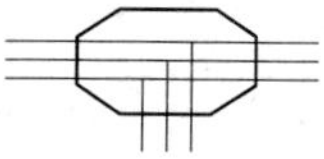	表示带 T 形连接的三根导线，多线表示
	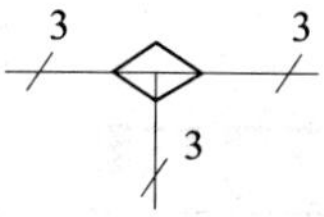	单线表示
电缆气闭套管	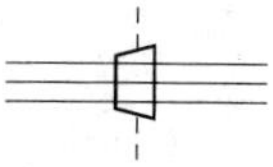	表示带有三根电缆高气压侧是梯形的长边，因此保持套管气闭

　　3. 开关、开关器件和启动器平面布置图形符号

　　这里仅介绍开关、开关器件和启动器中的单极开关、位置开关、热敏开关、电力开关器件、电动机启动器的方框符号、测量继电器和保护器件、熔断器和熔断器式开关、火花间隙和避雷器，其图形符号分别见表 1-10～表 1-13。

表 1 - 10　单极开关

名称	图形符号
手动操作开关的一般符号	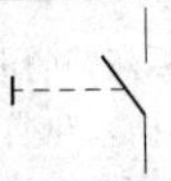
具有正向操作的动断触点且有保持功能的应急制动开关	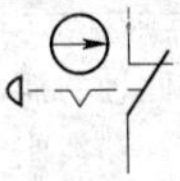
具有动合触点且自动复位的手动拉拔开关	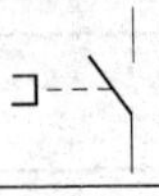
具有正向操作的动合触点且自动复位的手动按钮开关，例如，报警开关	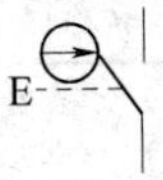
具有动合触点但无自动复位的手动旋转开关	

表 1 - 11　位置开关

名称	图形符号
带动触电的位置开关	
带动断触点的位置开关	
组合位置开关	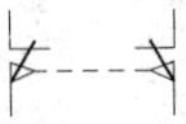
能正向操作带动断触点的位置开关	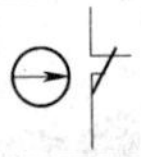

表 1 - 12　热敏开关

名称	图形符号
带动合触点的热敏开关	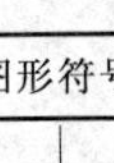
带动断触点的热敏开关	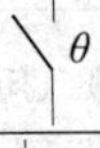
带动断触点的热敏自动开关（如双金属片）	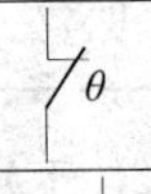
具有热元件的气体放电管（又叫"荧光灯启动器"）	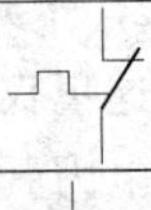

表 1 - 13　电力开关器件

名称	图形符号
接触器，接触器的主动合触点（在非动作位置触点断开）	
接触器的主动断触点（在非动作位置触点闭合）	
手工操作带有闭锁器件的隔离开关（隔离器）	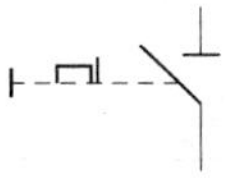
具有中间断开位置的双向隔离开关	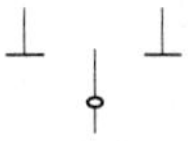
具有由内装的测量继电器或脱扣器触发的自动释放功能的接触器	
隔离开关（负荷隔离开关）	
具有由内装的测量继电器或脱扣器触发的自动释放功能的负荷隔离开关	
自由脱扣机构。从断开或闭合的操作机构到相关联的主触点和辅助触点	
＊操作机构有一个主要的断开功能，两种可供选择的位置示于右图	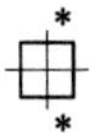

4. 建筑安装平面布置图图形符号

建筑安装平面布置图图形符号包括：发电站和变电所平面布置图图形符号，网络平面布置图图形符号，音响和电视分配系统，建筑用电气设备，干线系统。

1）发电站和变电所平面布置图图形符号包括一般符号和各种发电站和变电所图形符号，见表 1 - 14 和表 1 - 15。

表 1 - 14　一般符号

名称	图形符号	
	规划（设计）的	运行的或未加规定的
发电站	□	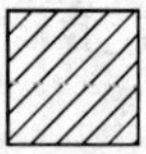 ▨
热电站	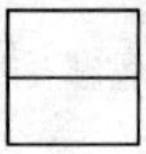 ▭	 ▤
变电所、配电所	○	 ⊘

注：1. 长方形（矩形）可以代替方形。
　　2. 在小比例的地图上，可用完全填满的面积代替画阴影线的面积。

表 1 - 15　各种发电站变电所

名称	图形符号	
	规划（设计）的	运行的或未加规定的
水力发电站	 ◲	 ◪
火力发电站	 ▭	 ▤
核能发电站	 ⊙	 ⊘
地热发电站	 ▤	 ▨
太阳能发电站	 ⚡	 ⚡
风力发电站	 ⊠	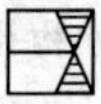 ⊠
等离子体发电站	 ◇	 ◈
换流站	 ○ ══/～	 ⊘ ══/～

　　2）网路平面布置图图形符号　包括线路的示例和其他符号，见表 1 - 16 ～表 1 - 17。

表 1 - 16　线路的示例

名称	图形符号
地下线路	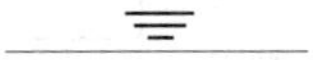
水下（海底）线路	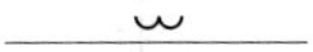
架空线路	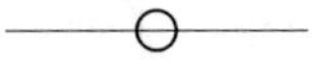
过孔线路	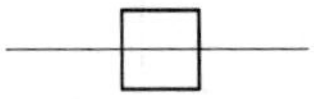
管道线路附加信息可标注在 管道线路的上方，如管孔的数量	
6 孔管道的线路	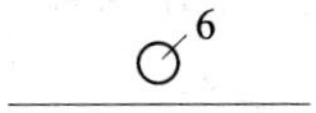
带接头的地下线路	
具有充气或注油堵头的线路	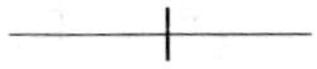
具有充气或注油截止阀的线路	
具有旁路的充气或注油堵头的线路	
电信线路上交流供电	
电信线路上直流供电	

表 1 - 17　其他符号

名称	图形符号	说明
地上的防风防雨罩	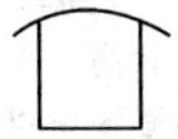	一般符号，罩内的装置可用限定符号或代号表示
	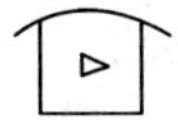	示例：放大点在防风雨罩内
交触点	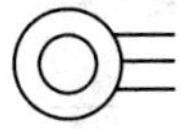	输入和输出可根据需要画出
线路集中器		自动线路集中器 示例：示出信号从左至右传输。左边较多线路集中为右边较少线路
	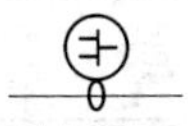	电线杆上的线路集中器

名称	图形符号	说明
防电缆蠕动装置		该符号应标在入口蠕动侧
	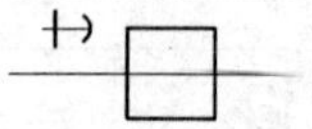	示例：示出防蠕动装置的入孔，该符号表示向左边的蠕动被制止
保护阳极		阳极材料的类型可用其化学字母来加注
	 Mg	示例：镁保护阳极

3）音响和电视分配系统主要包括前端、放大器、分配器和方向耦合器、分支器和系统出线端、均衡器和衰减器及线路电源器件，见表 1-18～表 1-23。

表 1-18 前端符号

名称	图形符号	说明
有本地天线引入前端	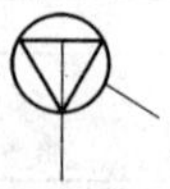	示出一个馈线支路馈线支路可从圆的任何适宜的点上画出
无本地天线引入前端		示出一个输入和一个输出通路

表 1-19 放大器

名称	图形符号	说明
桥式放大器	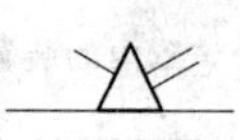	表示具有三个支路或激励输出 1. 圆点表示较高电平的输出 2. 支路或激励输出可从符号斜边任何方便的角度引出
主干桥式放大器	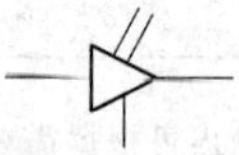	表示三个馈线支路
末端放大器	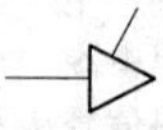	表示一个激励馈线输出
具有反馈通道的放大器	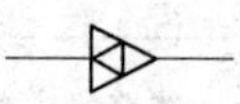	—

表 1 - 20   分配器和方向耦合器

名称	图形符号	说明
两路分配器		—
三路分配器	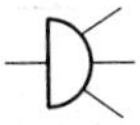	符号示出具有一路较高电平输出
方向耦合器	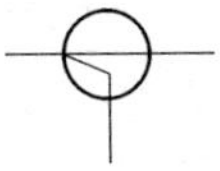	—

表 1 - 21   分支器和系统出线端

名称	图形符号	说明
环路系统出线端		串联出线端

表 1 - 22   均衡器和衰减器

名称	图形符号
均衡器	
可变均衡器	
衰减器（平面图符号）	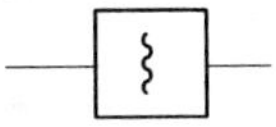

表 1 - 23   线路电源器件

名称	图形符号
线路电源器件，示出交流性	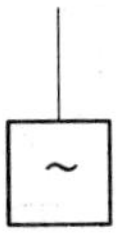
供电阻塞，在配电馈线中表示	
线路电源接入点	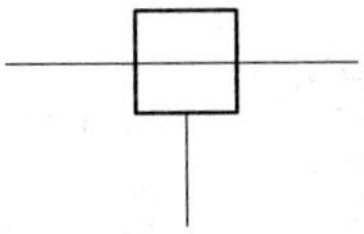

4）建筑用电气设备主要包括专用导线、配线、插座、开关、照明引出线和附件及其他，其常用电气图形符号见表 1-24～表 1-29。

表 1-24 专用导线

名称	图形符号
中性线	
保护线	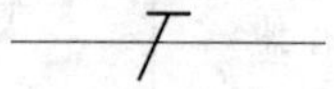
保护线和中性线共用线	
示例：具有保护线和中性线的三相配线	

表 1-25 配线

名称	图形符号
向上配线，箭头指向图纸的上方	
向下配线，箭头指向图纸的下方	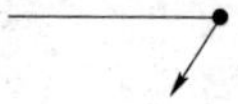
垂直通过配线	
盒的一般符号	
连接盒，接线盒	
用户端，供电输入设备，示出带配线	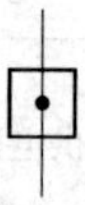
配电中心，示出五路馈线	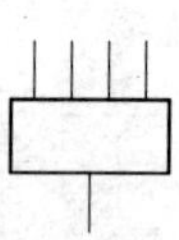

表1－26 插座

名称	图形符号
（电源）多个插座，示出三个	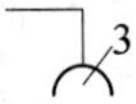
带保护触点的（电源）插座	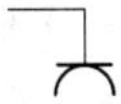
带保护板的（电源）插座	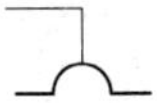
带单极开关的（电源）插座	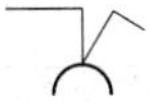
带联锁开关的（电源）插座	
具有隔离变压器的插座，示例：电动剃刀用插座	
电信插座一般符号	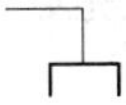

表1－27 开关

名称	图形符号
带指示灯的开关	
单极限时开关	
限时设备，定时器	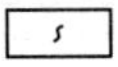
按钮	
防止无意操作的按钮（例如借助打碎玻璃罩）	
多拉单极开关	
带有指示灯的按钮	
定时开关	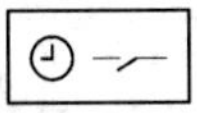
钥匙开关，看守系统装置	

表 1-28　照明引出线和附件

名称	图形符号
照明引出线位置，示出配线	
在墙上的照明引出线，示出来自左边的配线	
在专用电路上的事故照明灯	
自带电源的事故照明灯	
气体放电灯的辅助设备 （仅用于辅助设备与光源不在一起时）	
灯的一般符号	
荧光发光体 一般符号	
荧光发光体 示例：三管荧光灯	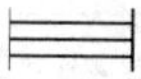
荧光发光体 示例：五管荧光灯	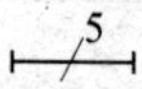

表 1-29　其他符号

名称	图形符号
热水器，示出引线	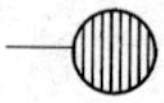
风扇，示出引线	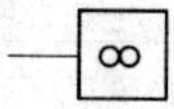
时钟，时间记录器	
电锁	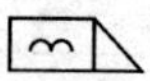
对讲电话机，如入户电话	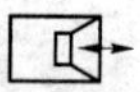

5）干线系统图形符号见表 1-30。

表 1 - 30　干线系统

名称	图形符号
直通段的一般符号	
组合的直通段（示出由两节装配的段）	
末端盖	
弯头	
T 形（三路连接）	
内部固定的直通段	
外壳膨胀单元，此单元可适应外壳或支架的膨胀	
导线膨胀单元，此单元可适应外壳或支架与导线的 机械运动和膨胀	
带外套和导线的扩展单元 （此单元供外套或支架和导线的机械运动和膨胀）	
"十"字形（四路连接）	
不相连接的两个系统的交叉， 如在不同平面中的两个系统	
彼此独立的两个系统的交叉	
在长度上可调整的直通段	
末端馈线单元，示出从左边供电	
中心馈线单元，示出从顶端供电	
带有设备盒（箱）的末端馈线单元，示出从左边供电， 星号应以所用设备符号代替或省略	
带有设备盒（箱）的中心馈线单元，示出从顶端供电， 星号应以所用设备符号代替或省略	
柔性单元	

续表

名称	图形符号
衰减单元	
有内部气压密封层的直通段	
相位转换单元	
设备盒（箱），星号应以所用没备符号代替或省略	
具有内部防火层的直通段	
带有设备箱的同定式分支的直通段，星号应以所用的设备符号代替或省略	
带有没备箱的可整分支的直通段，星号应以所用设备符号代替或省略	
固定分支带有保护触点的插座的直通段	
带有固定分支的直通段，示出分支向下	
带有几路分支的直通段，示出四路分支器，上、下各两路	
带有连续移动分支的直通段	
具有可调整步长的分支直通段，示出 1m 步长	
具有可移动触点分支的直通段	
由两个配线系统（A、B）组成的直通段	
由三个独立分区组成的直通段，示出一个布线系统 A 区、一个布线系统 B 区和一个现场安装的电缆 C 区	

第二节　电气施工图识读程序与方法

一、电气施工图识读程序

建筑电气施工图的识读一般按照设计说明、电气总平面图、电气系统图、电气设备平面图、控制原理图、二次接线图和电缆清册、大样图、设备材料表和图例并进顺序进行，如图 1-19 所示。

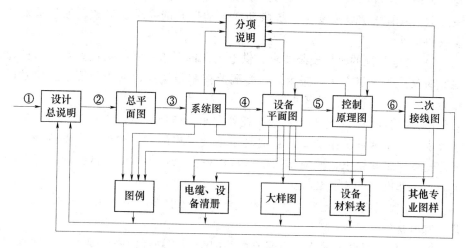

图 1-19　电气施工图识读的程序框图

二、电气施工图识读要点

1. 设计说明

设计说明主要描述电气工程设计的依据、基本指导思想和原则，以及图样中未清楚表明的工程特点、安装方法、工艺要求、特殊设备的安装使用说明和有关注意事项的补充说明等。在阅读设计说明过程中，要注意并掌握如下内容：

1）工程规模概况、总体要求、采用的标准规范、标准图册及图号、负荷级别、供电要求、电压等级、供电线路及杆号、电源入户要求和方式、电压质量、弱电信号分贝要求等。

2）系统保护方式及接地电阻要求、系统防雷等级、防雷技术措施及要求、系统用电安全技术措施及要求、系统对过电压和跨步电压及漏电采取的技术措施。

3）工作电源与备用电源的切换程序及要求、供电系统短路的参数、计算电流、有功负荷、无功负荷、功率因数及要求、电容补偿，以及切换程序要求、调整参数、试验要求及参数、大容量电动机启动方式与要求、继电保护装置的参数和要求、母线联络方式、信号装置、操作电源和报警方式。

4）高低压配电线路形式及敷设方法要求、厂区线路及户外照明装置的形式、控制方式。某些具体部位或特殊环境（如爆炸及火灾危险、高温、潮湿、多尘、腐蚀、静电、电磁等）安装要求及方法，系统对设备、材料、元件的要求及选择原则，动力及照明线路的敷设方法要求。

5）供电及配电采用的控制方式、工艺装置采用的控制方法及联锁信号、检测和调节系统的技术方法及调整参数、自动化仪表的配置及调整参数、安装要求及其管线敷设需要、系统联动或自动控制的要求及参数、工艺系统的参数和要求。

6）弱电系统的机房安装要求、供电电源的要求、管线敷设方式、防雷接地要求及具体安装方法，探测器、终端及控制报警系统的安装要求，信号传输分贝要求、调整及试验要求。

7）铁构件加工制作和控制盘柜制作要求，防腐要求，密封要求，焊接工艺要求，大型部件的吊装要求，混凝土基础工程的施工要求，强度等级、设备冷却管路试验要求、蒸馏水及电解液配制要求、化学法降低接地电阻剂配制要求等非电气的相关要求。

8）任何图中表述不清、不能表达或没有必要在图中表示的要求、标准、规范和方法等。

9）其他每张图上的文字说明或标注的个别、局部的一些要求等，如相同或同类别元件的安装标高及要求，设计说明除外。

10）土建、暖通、设备、管道、装饰、空调制冷等专业对电气系统的要求或彼此配合的相关说明、图样，如电气竖井、管道交叉、抹灰厚度、基准线等。

2. 总电气平面图

阅读总电气平面图时，要注意掌握下列内容：

1）建筑物名称、编号、用途、层数、标高、等高线、用电设备容量及大型电机容量数量、弱电装置类别、电源及信号的进户位置。

2）变配电所位置、变压器台数及容量、电压等级、电源进户位置及方式、系统架空线路及电缆走向、杆型，以及路灯、拉线布置、电缆沟及电缆井的位置、回路编号、主要负荷导线截面及根数、电缆数量、弱电线路的走向及敷设方法、大型电动机及主要用电负荷位置，还有电压等级、特殊或直流用电负荷位置、容量及电压等级等。

3）系统周围的环境、河道、公路、铁路、工业设施、电网方位及电压等级、居民区、自然条件、地理位置、海拔等。

4）设备材料表中主要的设备材料的规格、型号、数量、进货要求、特殊要求等。

5）文字标注、符号意义，以及其他说明、要求等。

3. 电气系统图

阅读变配电装置系统图时，要注意掌握以下内容：

1）进线回路个数及编号、电压等级、进线方式（架空、电缆）、导线电缆的规格型号、计量方式、电流、电压互感器及仪表的规格型号数量、防雷方式及避雷器的规格型号数量。

2）进线开关规格型号及个数、进线柜的规格型号及台数、高压侧联络开关规格型号。

3）变压器规格型号及台数、母线规格型号及低压侧联络开关（柜）规格型号。

4）低压开关（柜）的规格型号及台数、回路个数用途及编号、计量方式及表计、有无直控电动机或设备及其规格型号台数启动方法、导线电缆规格型号，同时对照单元系统图和平面图检查是否与送出回路一致。

5）是否有自备发电设备或连续不间断供电电源（UPS），其规格型号容量与系统连接方式及切换方式、切换开关，以及线路的规格型号、计量方式及仪表。

6）电容补偿装置的规格型号和容量、切换方式及切换装置的规格型号。

4. 动力系统图

阅读动力系统图时，要注意掌握以下内容：

1）进线回路编号、电压等级、进线方式、导线电缆及穿管的规格型号。

2）进线盘、柜、箱、开关、熔断器及导线规格的型号、计量方式及表计。

3）出线盘、柜、箱、开关、熔断器及导线规格型号、回路个数、用途、编号及容量，穿管规格、启动柜或箱的规格型号、电动机及设备的规格型号容量、启动方式，同时核对该系统动力平面图回路标号是否与系统图一致。

4）自备发电设备或 UPS 情况。

5）电容补偿装置情况。

5. 照明系统图

阅读照明系统图时，要注意掌握以下内容：

1）进线回路编号、进线线制（三相五线、三相四线、单相两线制）、进线方式、导线电缆及穿管的规格型号。

2）照明箱、盘、柜的规格型号、各个回路开关熔断器及总开关熔断器的规格型号、回路编号及相序分配、各回路容量及导线穿管规格、计量方式及表计、电流互感器规格型号，同时核对该系统照明平面图回路标号是否与系统图一致。

3）直控回路编号、容量及导线穿管规格、控制开关型号规格。

4）箱、柜、盘是否存在漏电保护装置，其规格型号、保护级别及范围。

5）应急照明装置的规格型号和数量。

6. 弱电系统图

弱电系统图一般包括通信系统图、广播音响系统图、电缆电视系统图、火灾自动报警及消防系统图和保安防盗系统图等，阅读时，要注意掌握以下内容：

1）设备的规格型号及个数、外线进户对数、电源装置的规格型号、总配线架或接线箱的规格型号及接线对数、外线进户方式及导线电缆穿管规格型号。

2）系统各分路送出导线对数、房号插孔数量、导线及穿管规格型号，同时根据平面布置图，核对房号及编号。

3）各系统之间的联络方式。

三、电气施工图识读方法

1. 粗读

粗读就是将施工图从头到尾粗略的浏览一遍，主要了解工程的概况，做到心中有数。此外，主要是阅读电气总平面图、电气系统图、设备材料表和设计说明。

2. 细读

细读就是按前面介绍的识读程序和识读要点，仔细阅读每一张施工图，达到识读要点中的要求，并熟知下列内容：

1）每台设备和元件的安装位置及要求。

2）每条管线缆的走向、布置及敷设要求。

3）所有线缆的连接部位及接线要求。

4）所有控制、调节、信号、报警工作原理及参数。

5）系统图、平面图及关联图样标注一致，无差错。

6）系统层次清楚、关联部位或复杂部位清楚。

7）土建、设备、采暖、通风等其他专业分工协作明确。

3. 精读

精读就是将施工图中的关键部位及设备、贵重设备及元件、电力变压器、大型电机及机房设施、复杂控制装置的施工图重新仔细阅读，系统掌握中心作业内容和施工图要求，不但要做到了如指掌，而且还应做到胸有成竹、滴水不漏。

四、投影图、剖面图和断面图识读

1. 投影图的识读

（1）投影图阅读方法　读图是依照形体的投影图，运用投影原理和特性，对投影图进行分析，想象出形体的空间形状。识读投影图有形体分析法和线面分析法两种方法。

1）形体分析法。形体分析法是在投影图上根据基本形体的投影特性，分析组合体各组成部分的形状及相对位置，然后综合起来想象出组合形体的形状。

2）线面分析法。线面分析法是根据投影图中的某些棱线和线框，以线和面的投影规律为基础，分析它们的形状和相互位置，从而想象出所围成形体的整体形状。

应用线面分析法，必须掌握投影图上线和线框的含义，才能结合起来综合分析，想象出物体的整体形状。投影图中的图线（直线或曲线）可能代表的含义包括：

① 形体的一条棱线，即形体上两相邻表面交线的投影。

② 与投影面垂直的面（平面或曲面）的投影，即为积聚投影。

③ 曲面的轮廓素线的投影。

投影图中的线框，可能的含义如下：

① 形体上某一平行于投影面的平面的投影。

② 形体上某平面类似性的投影（即平面处于一般位置）。

③ 形体上某曲面的投影。

④ 形体上孔洞的投影。

（2）投影图阅读步骤　阅读图纸一般是按先外形，后内部；先整体，后局部顺序；最后由局部回到整体，综合想象出物体的形状。读图的方法，一般以形状分析法为主，线面分析法为辅。

阅读投影图的基本步骤：

1）从最能体现形体特征的投影图入手，一般以正立面（或平面）投影图为主，粗略分析形体的大体形状和组成。

2）结合其他投影图阅读，正立面图与平面图对照，三个视图联合起来，运用形体分析和线面分析法，形成立体感，整体想象，得出组合体的全貌。

3）结合详图（剖面图、断面图），综合各投影，想象整个形体的形状与构造。

2. 剖面图的识读

工程图中，物体上可见的轮廓线，一般用粗实线来表示，不可见的轮廓线表示成虚线。当物体内部构造比较复杂时，投影图中就会出现大量虚线，从而使图线重叠，不能清晰地表示出物体形状和构造，也不利于标注尺寸和读图。

为了能清晰地表达物体的内部构造，想象用一个平面将物体剖开（此平面称为"部切平面"），将剖切平面前的部分移出，然后画出剖切平面后面部分的投影图，这种投影图称为"剖面图"，如图 1-20 所示。

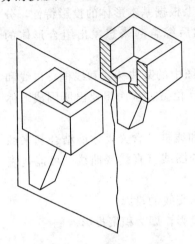

图 1-20　剖面图的形成

（1）剖面图的画法

1）确定剖切平面的位置。在画剖面图时，要使剖切后画出的图形能确切反映所要表达部分的真实形状，首先应选择适当的剖切位置。

2）剖切符号。剖切符号又称"剖切线"，由剖切位置线和剖视方向组成。用断开的两段粗短线表示剖切位置，在它两端画与其垂直的短粗线表示剖视方向，短线在哪一侧，投影方向就向哪里。

3）编号。用阿拉伯数字编号，并写注在剖视方向线的端部，编号应按顺序自左向右，由下而上连续编排，如图 1-21 所示。

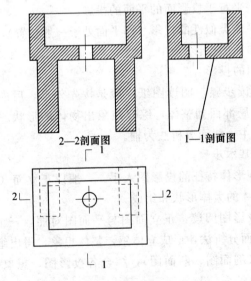

2—2剖面图　　　　1—1剖面图

图 1-21　剖面图

4）画剖面图。剖面图是按照剖切位置，移去物体在剖切平面和观察者之间的部分，根据留下的部分画出投影图。但因为剖切是假想的，所以画其他投影时，仍应完整地画出，不受剖切的影响。

用粗实线表示剖切平面与物体接触部分的轮廓线，剖切平面后面的可见轮廓线用细实线表示。

物体被剖切后，仍可能有不可见部分的虚线存在剖面图上，为了使图形清晰易读，对于已经表示清楚的部分，虚线可以省略不画。

5）画出材料图例。为了分清剖面图上物体被剖切到和没有被剖切到的部分，在剖切平面与物体接触部分要画上材料图例，同时表明建筑物各构配件的材料构成。

（2）剖面图的种类

1）根据剖切位置可分为两种：

①　水平剖面图。当剖切平面与水平投影面平行时，所得的剖面图称为"水平剖面图"，建筑施工图中的水平剖面图称"平面图"。

②　垂直剖面图。剖切平面与水平投影面垂直所得到的剖面图称"垂直剖面图"，图1-21中的（1—1）剖面称"纵向剖面图"，（2—2）剖面称"横向剖面图"，二者均为垂直剖面图。

2）按剖切面的形式又可分为：

①　全剖面图。用一个剖切平面将形体全部剖开后所画的剖面图。图1-21所示的两个剖面为全剖面图。

②　半剖面图。当物体的投影图和剖面图都是对称图形时，采用半剖的表示方法，如图1-22所示。图中投影图与剖面图各占一半。

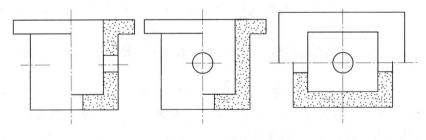

图1-22　半剖面图

③　阶梯剖面图。如图1-23所示，使用阶梯形平面剖切形体后得到的剖面图。

④　局部剖面图。形体局部剖切后画出的剖面图，如图1-24所示。

（3）剖面图的阅读　剖面图应画出剖切后留下部分的投影图，阅读时要注意下述几点：

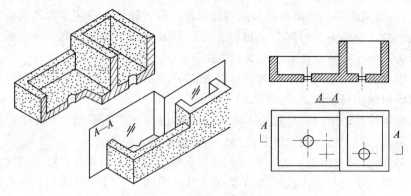

图 1 – 23　阶梯剖面图

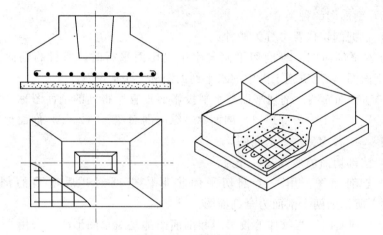

图 1 – 24　局部剖面图

1）图线。被剖切的轮廓线用粗实线，未剖切的可见轮廓线为中或细实线。

2）不可见线。在剖面图中，一般不画看不见的轮廓线，特殊情况可用虚线表示。

3）被剖切面的符号表示。剖面图中的切口部分（部切面上），一般画上表示材料种类的图例符号；不必画出材料种类时，用45°角平行细线表示；当切口截面比较狭小时，可涂黑表示。

3. 断面图的识读

假想用剖切平面将物体剖切后，只画出剖切平面切到部分的图形称为"断面图"。某些单一的杆件或需要只是表示某一局部的截面形状，可以只画出断面图。

图 1-25 为断面图的画法。它与剖面图的差别，在于断面图只需画出形体被剖切后与剖切平面相交的那部分截面图形，至于剖切后投影方向可能见

到的形体其他部分轮廓线的投影，则不必画出。显然，剖面图将断面图包含于其中。

断面图的剖切位置线端部，不必如剖面图那样要画短线，其投影方向可用断面图编号的标注位置来表示。例如将断面图编号写在剖切位置线的左侧，即表示从右往左投影。

在实际应用中，断面图的表示方式有如下几种：

1）将断面图画在视图之外适当位置称"移出断面图"。移出断面图适用于形体的截面形状变较多的情况，如图1－26所示。

2）将断面图画在视图之内称"折倒断面图"或"重合断面图"。适用于形体截面形状变化较少的情况。断面图的轮廓线用粗实线表示，剖切面画材料符号；不标注符号及编号。如图1－27所示是现浇楼层结构平面图中表示梁板及标高所用的断面图。

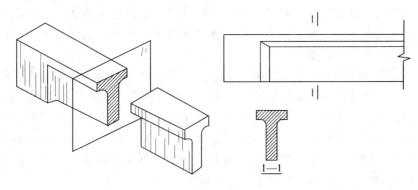

图1－25　断面图（一）

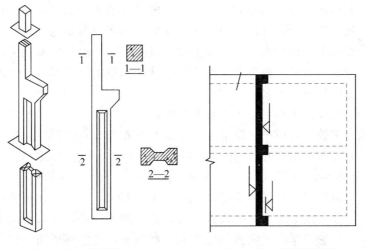

图1－26　断面图（二）　　　图1－27　折倒断面图

3）将断面图画在视图的断开处，称"中断断面图"。此种图适用于形体为较长杆件且截面单一的情况，如图1-28所示。

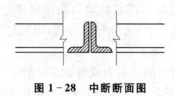

图1-28　中断断面图

第三节　变配电施工图读图识图

一、变配电系统图概述

1. 变配电系统图概念

变配电系统图就是按照一定的顺序将单线将流过主电流或一次电流的某些设备（如发电机、变压器、母线、开关设备及导线等）连成的电路图，也称为"一次主接线路图"。

变配电系统图能清楚地反映电能输送、控制和分配的关系及设备运行的情况，它是供电规划与设计、进行有关电气数据计算、选择主要设备的依据。通过阅读变配电系统图，可以了解整个变配电工程的规模和电气工作量的大小，理解变配电工程系统各部分之间的联系。同时，变配电系统图也是日常操作维护及切换回路的主要依据。通常在变配电站和控制室内，将变配电系统图做成大模拟电路板挂在墙上，指导操作。

2. 供电系统的组成

电能是国民经济各部门和社会生活中的重要能源和动力。用户使用的电能不是由发电厂直接提供的，必须通过输电线路和变电站这一中间环节来实现，这种由发电厂的发电机、升压及降压变电设备、电力网及电力用户（用电设备）组成的系统统称为"电力系统"。电力系统的组成如图1-29所示。

二、变配电系统图识读

1. 6~10/0.4kV配电变压器电气系统图

目前，多数电力用户均采用6~10/0.4kV配电变压器供电，它们大都是由一至三台变压器组成的小型变配电所，其基本电气系统图如图1-30所示。

当变压器容量小于630kV·A时，在具有较好周围环境的场所，可采用户外露天变电所形式。如果变压器容量小于250kV·A时，还可采用杆上安装的形式。当变压器装在户外或杆上时，高压侧可采用户外跌落式带熔断器的开关控制，它可保护变压器的短路和过载电流，还能够通断一定容量的空载电流。

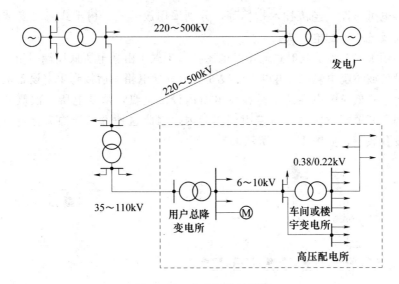

图 1-29　电力系统示意图

当变压器安装在室内，高压侧常采用隔离开关、少油或真空断路器控制，隔离开关在检修变压器时起到隔离电源作用，而断路器的作用是在变压器运行时防止变压器的短路和过载故障。如果变压器容量大于 630kV·A 时，高压侧也可采用隔离开关熔断控制。或变压器需要经常操作时，如每天至少一次，有时也采用隔离开关控制，它有明显断开点，因此在断电后，与高压断路器配合使用，有隔离开关的作用，可避免变压器过电流和短路故障。

变压器低压侧总出线往往采用低压断路器保护。从结构上将低压断路分为两种形式，一种是装置式，额定电流小于 600A；一种是万能式，额定电流为 200～4000A，对于大容量万能式低压断路器，有两种操作形式，即手动操作或电动操作。无论哪种形式，它都能带负荷操作，并且有短路过电流与失

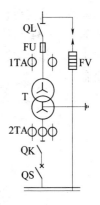

图 1-30　变压器
电气系统图

压等自动跳闸保护功能，操作简单方便，较为广泛地采用。但有时在变压器容量较小、操作保护要求不高的场所，低压引出开关也采用刀熔开关控制方式。

变压器出线侧通常还要装有一组电流互感器，主要供电功率等测量使用。

2.380/220V 低压配电系统图

380/220V 低压配电系统是指从 6～10/0.4kV 变压器的低压侧或是从发电机出线母线引至用电负荷低压配电箱的供电系统。依照负荷的大小、设备容

量、供电可靠性、经济技术指标等，分别采用放射式、树干式或二者兼用的混合式及链式等配电方式。

如图1-31所示放射式低压配电系统。干线1由变电所低压侧引出，接至用电设备或主配电箱2，再以支干线3引至分配电箱4后接到用电设备上。

树干式低压配电系统不需在变电所内设配电盘，从变电所二次侧的引出线经隔离开关或空气开关直接引到车间内，因此这种方式结构简化，减少了电气设备数量，如图1-32所示。

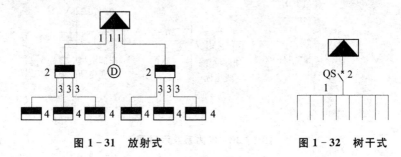

图1-31　放射式　　　　　　　　图1-32　树干式

放射式与树干式混合的配电系统常被采用，混合式如图1-33所示，链式如图1-34所示。混合式表示由车间变电所变压器二次侧经隔离开关2将干线1引入车间，3为分支低压断路器，4为支干线，然后4支路引至用电设备。

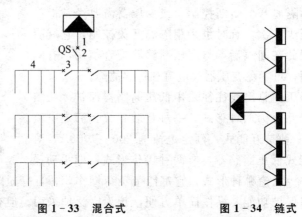

图1-33　混合式　　　　　　　　图1-34　链式

链式配电系统常常用于车间内相应距离近、容量又很小的用电设备，链式线路只设一组总的断路器，其可靠性小，这种方式不被大部分用户采用。目前的习惯做法是限制在3～5台用电设备以下采用。如图1-34所示。

低压配电系统一般由文字和图形符号两部分组成。文字通常表示设备用途、设备型号、经过计算的电量参数，例如系统计算容量、计算电流、需要系数等。而图形符号较形象直观地表现出电气设备之间的关系。

常用的文字含义如下：

1) 设备安装容量。设备安装容量是指某一配电系统或某一干线上所有安装用电设备（包括暂时不用的设备，但不包括备用设备）铭牌上所标定的额定容量之和，单位是 kW 或 kV·A。设备安装容量又称"设备容量"，用 P_s 或 S_s 表示。

2) 计算负荷。在配电系统中，运行的实际负荷与所有电气设备的额定负荷之和并不相等。因为所有的电气设备不可能同时运行；每台设备也不可能满载运行，各种电气设备的功率因数也不相同。所以，在进行变配电系统设计时，必须确定一个假想负荷来替代运行中的实际负荷，从而进行电气设备和导体的选择。通常采用30min内最大负荷所产生的温度来选择电气设备。

3) 需要系数。需要系数等于同时系数和负荷系数的乘积。同时系数考虑了电气设备同时使用的程度，负荷系数考虑了设备带负荷的程度。需要系数用 K_x 来表示，其数值小于1，它的确定与行业性质、设备数量与设备效率有关。

三、变配电设备布置图识读

一般不在电气系统图中标明电气设备的具体安装位置和相互关系，因此要用设备布置图来标明电气平面和空间的位置及安装方式、具体尺寸和线路的走向等。设备布置图的组成包括：平面图、立面图、断面图、剖面图及各种构件详图。

（1）变压器室布置图　三相油浸式变压器一般要求一台变压器一个变压器室，如图1-35所示。图中可以看出，变压器为宽面推进，低压侧朝外；后面出线，后面进线；高压侧为电缆进线，地坪不抬高。

（2）高低压配电室布置图　高低压配电室中高低压柜的布置形式，主要看高低压柜的型号、数量、进出线方向和母线形式。同时还要充分考虑安装和维修的方便，留有足够的操作通道和维护通道，并考虑到今后的发展还应当留有适当数量的备用开关柜的位置。

1) 高压配电室。高压配电室中开关柜的布置有单列和双列之分。高压进线有电缆进线和架空线进线，采用电缆进线的高压配电室如图1-36所示。

图1-37所示为采用架空线进线的高压配电室，架空线可从柜前、柜后、柜侧进线。

2) 低压配电室。低压配电室主要放置低压配电柜，向用户（负载）输送、分配电能。常用的低压配电柜系列有固定式 GLK、GLL、GGD；抽屉式 GCL、GCK、BFC；组合式 MGD、DOMINO 等。低压配电柜可单列布置或双列布置。为了维修方便，低压配电屏离墙应不小于0.8m。单列布置时，操作通道应不小于1.5m；双列布置时，操作通道应不小于2.0m，如图1-38

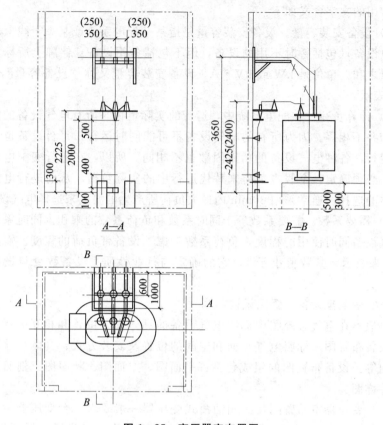

图 1-35　变压器室布置图

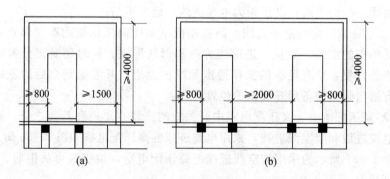

图 1-36　高压配电室剖面图

（a）开关柜单列布置；（b）开关柜双列布置

所示。

低压配电室的高度应与变压器室综合考虑，以便变压器低压出线。低压配电柜的进出线可上进上出，也可下进下出或上进下出。进出线一般都采用

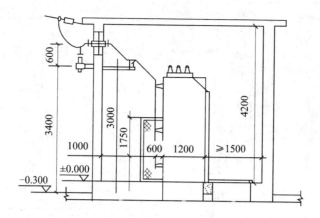

图 1 - 37　架空线进线的高压配电室

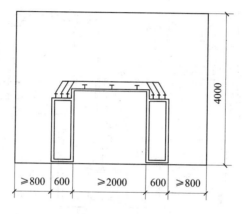

图 1 - 38　低压配电室

母线槽和电缆。

（3）变配电布置图　在低压供电中，为了提高供电的可靠性，一般都采用多台变压器并联运行。当负载增大时，变压器可全部投入；负载减少时，可切除一台变压器，提高变压器的运行效率。图 1 - 39 所示为两台变压器的变配电所。从图中可以看出，两台变压器都有独立的变压器室，变压器为窄面推进，油枕朝大门，高压为电缆进线，低压为母排出线。值班室紧靠高低压配电室，且有门直通，方便运行维护。高压电容器室与高压配电室分开，只有一墙之隔，既安全又方便，各室都留有一定余地，便于发展。

四、二次回路接线图识读

1. 二次回路连线图简介

（1）二次回路接线图的概述　二次回路接线图是用于二次回路安装接线、线路检查、线路维修和故障处理的主要图纸之一。在实际应用中，通常需要

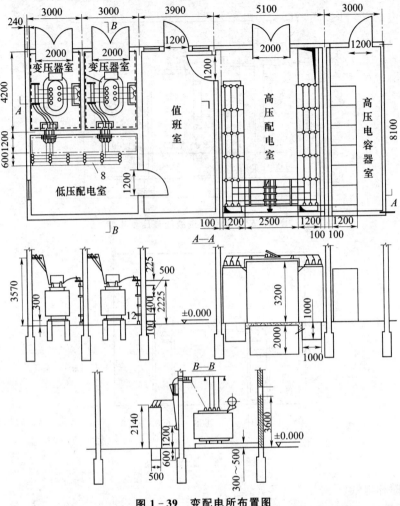

图 1-39 变配电所布置图

将电路图和位置图一起配合使用。供配电系统中二次回路接线图一般包括屏面布置图、屏背面接线图和端子接线图等几部分。接线图有时也配合接线表使用。接线图和接线表一般应标出各个项目的相对位置、项目代号、端子号、导线号、导线类型、导线截面等。

(2) 二次回路接线图的绘制

1) 项目表示法。接线图中的各个项目（如元件、器件、部件、组件等），应尽量表示成其简化外形（如方形、矩形、圆形），但不必按比例画出。至于二次设备的内部接线，可以不画，但其接线端子必须画出，必要时也可用图形符号表示，符号旁标注项目代号并应与电路图中的标注相一致，如图 1-40所示电流表、有功电能表、无功电能表，分别标为 P_A、P_{j1}、P_{j2}，绿色指示灯标为 GN，红色指示灯标为 RD 等。

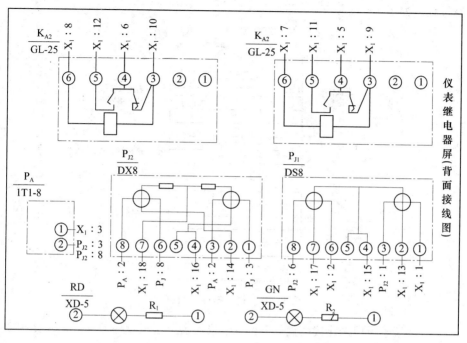

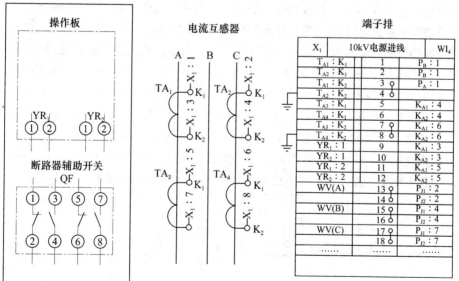

图 1-40　二次回路安装接线图

2）接线端子的表示方法。盘（柜）外的导线交叉，方便检查修理。端子排由专门的接线端子板组合而成。

接线端子板分为普通端子、连接端子、试验端子和终端端子等形式，其符号标志如图 1-41 所示。

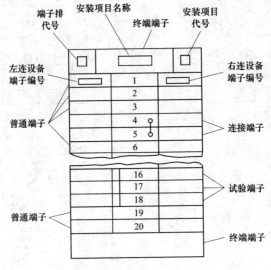

左连设备端子编号

普通端子

普通端子

端子排代号　安装项目名称　终端端子　安装项目代号

右连设备端子编号

连接端子

试验端子

终端端子

图 1-41　端子排标志图例

普通端子板用来连接由盘外引至盘上或由盘上引至盘外的导线；连接端子板有横向连接片，可与邻近端子板相连，在连接有分支的二次回路的情况下，对仪表继电器进行试验；终端端子板用来固定或分隔不同安装项目的端子排。

在接线图中，端子一般用图形符号"O"表示，同时在其旁边注明端子代号。对于用图形符号表示的项目，其上的端子可不画符号，而只标出端子代号就可以了。端子排的文字代号为"X"，端子的前缀符号为"："。实际上，所有设备上都有接线端子，其端子代号应与设备上端子标志保持一致。

3）连接导线的表示方法。接线图中端子之间的连接导线有两种表示方法：

① 连续线。表示两端子之间连接导线的线条是连续的，如图 1-42（a）所示。

② 中断线。表示两端子之间连接导线的线条是中断的，如图 1-42（b）所示。

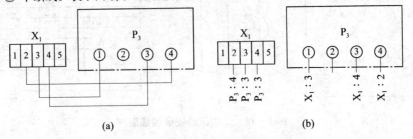

（a）

（b）

图 1-42　连接导线的表示方法

（a）连续线表示法；（b）中断线表示法

在二次回路接线图中，连接导线很多，如果用连续线逐一绘出，将使接线图显得十分繁杂，不易辨认。为了使图面简明清晰，接线图多采用中断线表示法，方便对图纸的绘制、阅读及安装接线和维护检修。

中断线表示法就是在线条中断处标明导线的去向，即在接线端子出线处标明要连接的对方端子的代号，这种标号方法叫作"相对标号法"或"对面标号法"。如图 1-40 所示就是用中断线表示法绘制的，图中 P_{J2} 的 8 号端子出线处标注 P_A：2，这说明 P_{J2} 的 8 号端子和 P_A 的 2 号端子出线处标注则为 P_{J2}：8。

在端子排上所标示的回路标号应保持与展开图上的回路标号完全一致，否则会引发混乱，发生事故。

2. 二次回路接线图的识读方法

一般接线图主要用于安装接线和维修，但阅读接线图往往要对照展开图进行，这样容易参照工作原理找出故障点。为了方便看图，我们根据图 1-40 所示的安装接线图，给出它的展开式原理电路图，如图 1-43 所示。

（1）了解二次回路的设备组成 图 1-40 所示为仪表继电器屏，从背面接线图中我们知道该二次回路的组成包括：电流继电器 K_{A1}、K_{A2}，电流表 P_A，有功电能表 P_{J1}，无功电能表 P_{J2}，绿色信号灯 GN，红色信号灯 RD，还有电阻 R_1 和 R_2。这些设备在图 1-43 中分别出现在不同的回路中。两图对照不但知道二次回路由哪些设备组成，而且知道了各个设备的作用。

按阅读展开式原理电路图的一般顺序，从上到下分回路逐次阅读，了解它们之间的连接关系，并对照接线图搞清连接关系和连接位置。

（2）阅读电流测量回路 从图 1-43 可知电流互感器 T_{A1}、T_{A2} 与电流表和电能表的连接电缆中间要经过端子排，从图 1-40 中能更清楚地看出，T_{A1}：K_1 接 X_1：1，即端子排的 1 号端子；有功电能表 1 号端子，即 P_{J1}：1 也接端子排的 1 号端子 X_1：1，连接顺序依次为：

$$T_{A1}：K_1 \longrightarrow X_1：1 \longrightarrow P_{J1}：1$$

$$T_{A2}：K_1 \longrightarrow X_1：2 \longrightarrow P_{J1}：6$$

$$T_{A1}：K_2 \longrightarrow X_1：3 \longrightarrow P_A：1$$

$$T_{A2}：K_2 \longrightarrow X_1：4 \longrightarrow $$

该回路其余连接线为屏内接线，无需经过端子排。

（3）阅读过电流保护回路 从图 1-40 和图 1-43 看出电流互感器 T_{A3}、T_{A4} 与仪表的连接线，中间也要经过端子排，其连接顺序为：

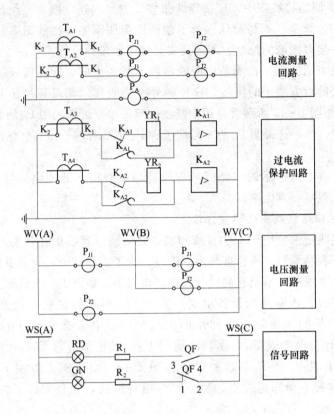

图 1 - 43　二次回路展开式原理电路图

$$T_{A3}:K_1 \longrightarrow X_1:5 \longrightarrow K_{A1}:4$$

$$T_{A4}:K_1 \longrightarrow X_1:6 \longrightarrow K_{A2}:4$$

$$T_{A3}:K_2 \longrightarrow X_1:7 \longrightarrow K_{A1}:6$$

$$T_{A4}:K_2 \longrightarrow X_1:8 \longrightarrow K_{A2}:6$$

（4）看电压测量回路　从图 1 - 43 可知有功电能表 P_{J1}，和无功电能表 P_{j2} 的电压线圈要接至电压小母线 WV，中间要经过端子排。其连接分别为：

$$WV(A) \longrightarrow X_1:13 \longrightarrow P_{J1}:2$$
$$\longrightarrow X_1:14 \longrightarrow P_{J2}:2$$

$$WV(B) \longrightarrow X_1:15 \longrightarrow P_{J1}:4$$
$$\longrightarrow X_1:16 \longrightarrow P_{J2}:4$$

$$WV(C) \longrightarrow X_1:17 \longrightarrow P_{J1}:7$$
$$\longrightarrow X_1:18 \longrightarrow P_{J2}:7$$

关于信号回路，读者可参照图 1 - 43，将图 1 - 40 中设备接连端子代号和端子排上端子标号补充完整，继续阅读。

最后要强调说明一点，在阅读变配电所的工程图时，既要熟读图面的内容，也要记得未能在图纸中表达出来的内容，从而了解整个工程所包括的项目。要把系统图、平剖面图、二次回路电路图等结合起来阅读，虽然平面图对安装施工特别重要，但阅读平面图只能熟悉其具体安装位置，而无法了解设备本身技术参数及其接线等，必须通过系统图和电路图来弥补。所以必须结合阅读几种图纸，这样能加快读图速度。

第四节　送电线路施工图读图识图

一、送电线路工程概述

1. 电力架空线路组成

电力架空配电线路主要由导线、电杆、横担、绝缘子、金具、拉线、接线及基础等构成。其组成如图 1 - 44 所示。电力架空线路的造价低，架设方便，便于检修，所以被广泛应用。目前工厂、建筑工地、由公用变压器供电的居民小区的低压输电线路等很多采用电力架空线路。

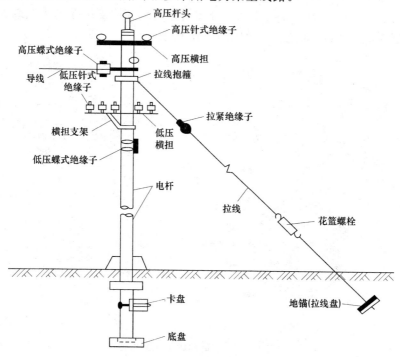

图 1 - 44　电力架空线路的组成

2. 电力电缆线路

（1）电力电缆的种类 电力电缆种类很多。可按照电压、用途、绝缘材料、线芯数和结构特点等划分。

1）按电压可分为高压电缆和低压电缆。

2）按使用环境可分为直埋、穿管、河底、矿井、船用、高海拔、潮热区、大高差等。

3）依照线芯数可分为单芯、双芯、三芯和四芯等。

4）据结构特征分为统包型、分相型、钢管型、扁平型、自容型等。

5）按绝缘材料可分为油浸纸绝缘、塑料绝缘、橡胶绝缘和交联聚乙烯绝缘等。还有正在发展的低温电缆和超导电线。

（2）电力电缆的基本结构 电力电缆的基本结构组成包括：线芯、绝缘层和保护层三部分。线芯导体要有良好的导电性，减少输电时线路上能量的损失；绝缘层的作用是将线芯导体间及保护层相隔离，因此绝缘性能、耐热性能必须良好；保护层又可分为内护层和外护层两部分，用来保护电缆绝缘层在运输、贮存、敷设和运行中，不受外力的损伤和防止水分的浸入，故应有一定的机械强度。在油浸纸绝缘电缆中，保护层的作用还包括防止绝缘油外流。

采用不同的结构形式和材料，便制成了不同类型的电缆，如黏性油浸纸绝缘统包型电缆、黏性油浸纸绝缘分相铅包电缆、橡皮绝缘电缆、聚氯乙烯和交联聚氯乙烯绝缘电缆等，如图 1-45 所示。

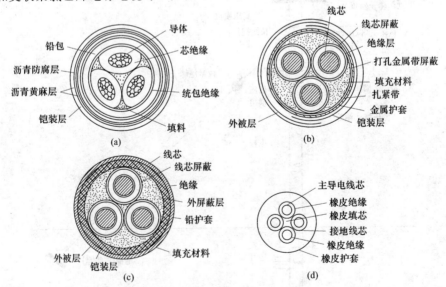

图 1-45　不同结构形式的电缆

（a）三芯统包型电缆；（b）分相屏蔽电缆；（c）分相铅包电缆；（d）橡皮绝缘电缆

电缆线芯分铜芯和铝芯两种。铜比铝导电性好，机械强度高，但价格较高。以前多提倡采用铝导线，近几年从节能角度多提倡采用铜导线。线芯按数目多少可分为单芯、双芯、三芯和四芯，如图 1-46 所示。

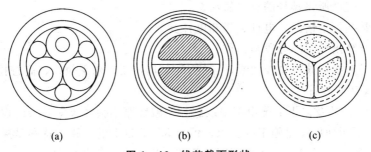

(a)　　　　　　　　　(b)　　　　　　　　　(c)

图 1-46　线芯截面形状

(a) 圆形；(b) 半圆形；(c) 扇形

按截面形状又可分为圆形、半圆形和扇形三种。圆形和半圆形的用得较少，扇形芯大量使用于 1~10kW 三芯和四芯电缆。依据电缆的不同品种与规格，线芯可以制成实体或绞合线芯。绞合线芯是由圆单线和成型单线绞合而成的。

二、送电线路施工图识读

1. 架空线路平面图

架空线路平面图是表示电杆、导线在地面上的走向与布置的图纸。在平面图中导线用实线表示，电杆的图形符号为"〇"，其中 A 为杆材或所属部门，B 为杆长，C 为杆号。

架空线路平面图能清楚地将线路的走向、电杆的位置、挡距、耐张段等情况表现出来，是架空线路施工不可缺少的图纸。图 1-47 所示为 10kV 架空线路平面图。

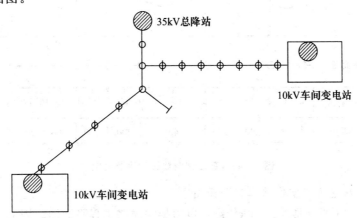

35kV总降站

10kV车间变电站

10kV车间变电站

图 1-47　10kV 架空线路平面图

阅读架空线路平面图，一般应注意以下几方面内容：

1）采用的导线型号、规格和截面。

2）跨越的电力线路（如低压线路）和公路的情况。

3）至变电所终端杆的有关做法。

4）掌握杆型情况，电杆数量和电杆类型。

5）计算出线路的分段与挡位。

6）了解线路共有拉线数量，拉线有 45°角拉线、水平拉线、高桩拉线等。

2. 线路断面图

对于 10kV 及以下的配电架空线路，一般线路不会经过太复杂的地段，只要一张平面图即可满足施工的要求。但对 35kV 以上的线路，特别是穿越高山江河地段的架空线路，一张平面图并不够，还应有纵向断面图。

架空线路的纵向断面图是沿线路中心线的剖面图。通过纵向断面图可以看出线路经过地段的地形断面情况，各杆位之间地平面相对高差，导线对地距离，弛度及交叉跨越的立面情况等。

35kV 以下的线路，为了使图面更加紧凑，常常将平面图与纵向断面图合为一体。这时的平面图是沿线路中心线展开的平面图。平面图和断面图结合起来称为"平断面图"，如图 1-48 所示。该图的上部分为断面图；中间部分为平面图；下部分是线路的相关的数据，标注里程、挡距等有关数据，是对平面图和断面图的补充说明。

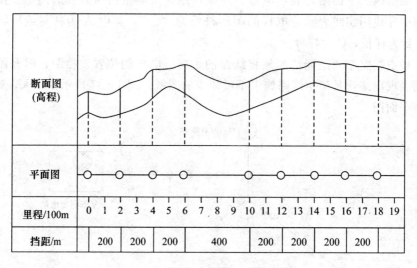

图 1-48 高压架空线路的平断面图

3. 高压电力架空线路工程平面图

图 1-49 所示是一条 10kV 高压电力架空线路工程平面图。因为 10kV 高

压线都是三条导线，所以图中不需要表示导线根数，只画单线即可。

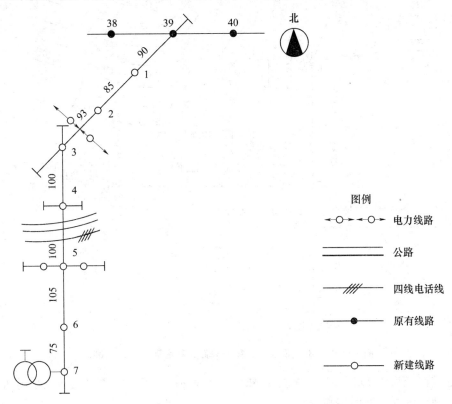

图 1 - 49　10kV 高压电力架空线路工程平面图

　　图中 38、39、40 号为原有线路电杆，从 39 号杆分支出一条新线路，自 1 号杆到 7 号杆，7 号杆处装变压器一台。数字 90、85、93 等是电杆间距，高压架空线路的杆距一般为 100m 左右。新线路上 2、3 杆之间有一条电力线路，4、5 杆之间有一条公路和路边的电话线路，跨越公路的两根电杆为跨越杆，杆上加双向拉线加固。5 号杆上安装高桩拉线。在分支杆 39 号杆、转角杆 3 号杆和终端杆 7 号杆上均装有普通拉线，其中转角杆 3 号杆装了一组拉线和一组撑杆在两边线路延长线方向。

　　4. 低压电力架空线路工程平面图

　　某建筑工地施工用电 380V 低压电力架空线路工程平面图，如图 1 - 50 所示。它在总平面图上绘制。低压电力线路为配电线路，要把电能输送到各个不同用电场所，各段线路的导线数量和截面积均不相同，需在图上标注清楚。

　　图 1 - 50 中待建建筑为工程中即将施工的建筑，计划扩建建筑是准备未来建设的建筑。建筑面积和用电量都有在每个待建建筑上标出，如 1 号建筑

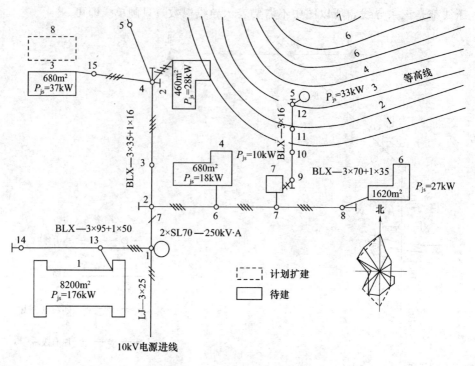

图 1-50　380V 低压电力架空线路工程平面图 (1:1000)

建筑面积为 8200m²，用电量为 176kW，P_{js} 表示计算功率。图右上角是一个小山坡，画有山坡的等高线。

电源进线为 10kV 架空线，从场外高压线路引来。电源进线使用铝绞线 (LJ)，LJ-3×25 为 3 根截面为 25 mm² 导线，接至 1 号杆。在 1 号杆处有 2 台变压器，图中 2×SL7-250kV·A 是变压器的型号标注，SL7 表示 7 系列三相油浸自冷式铝绕组变压器，额定容量为 250kV·A。图中 BLX-3×95+ 1×50 为线路标注，其中 BLX 表示橡皮绝缘铝导线，3×95 表示 3 根导线截面是 95mm²，1×50 表示 1 根导线截面是 50mm²。这一段线路为三相四线制供电线路，3 根相线 1 根中性线。

从 1 号杆到 14 号杆共是 4 根 BLX 型导线，其中 3 根导线的截面为 95mm²，1 根导线的截面是 50mm²。14 号杆是终端杆，装一根拉线。由 13 号杆向 1 号建筑做架空接户线。

1 号杆到 2 号杆上为两层线路，一路是到 5 号杆的线路，共 4 根 BLX 型导线 (BLX-3×35+1×16)，其中 3 根导线截面为 35mm²、1 根导线截面为 16mm²；另一路是横向到 8 号杆的线路，共 4 根 BLX 型导线 (BLX-3×70+ 1×35)，其中 3 根导线截面为 70mm²、1 根导线截面为 35mm²。1 号杆到 2 号杆间线路标注为 7 根导线，因为在这一段线路上两层线路共用 1 根中性线，在 2 号杆处分为 2 根中性线。2 号杆为分杆，要加装 1 组拉线，5 号杆、8 号杆为终端杆也要加装拉线。

线路在 4 号杆被分为三路：第一路到 5 号杆；第二路到 2 号建筑物，做接户线；最后一路经 15 号杆接入 3 号建筑物。为加强 4 号杆的稳定性，在 4 号杆上装有两组拉线。5 号杆为线路终端，同样安装了拉线。

在 2 号杆到 8 号杆的线路上，从 6 号杆处接入 4 号建筑物，从 7 号杆处接入 7 号建筑物，从 8 号杆处接入 6 号建筑物。

从 9 号杆到 12 号杆是给 5 号设备供电的专用动力线路，电源取自 7 号建筑物。动力线路使用 3 根截面为 16mm² 的 BLX 型导线（BLX-3×16）。

第五节　动力与照明施工图读图识图

一、动力与照明工程概述

1. 常用照明灯具

照明灯具的种类很多，常用的照明灯具的分类见表 1-31。

表 1-31　常用照明灯具的分类

序号	划分	内容
1	按光源种类分类	照明灯具按光源种类分为热辐射光源灯具和气体放电光源灯具两类。热辐射光源灯具主要包括白炽灯（图 1-51）（即"灯泡"）和卤钨灯（图 1-52）；气体放电光源灯具主要包括荧光灯（图 1-53）（即"日光灯"）、高压汞灯（图 1-54）、高压钠灯、金属卤化物灯和氙灯等。其中白炽灯和荧光灯的使用最广
2	按安装方式分类	照明灯具按安装方式分类，主要包括链吊灯、管吊灯、线吊灯、杆吊灯、吸顶灯、壁灯、落地灯、嵌入灯等多种安装类型； 链吊灯一般用于荧光灯具，灯具依靠爪子链悬吊； 管吊灯用钢管悬吊灯具，可用于荧光灯具，也可用于其他需要悬吊安装的灯具，如标志灯、装饰灯具等； 线吊灯用花线悬吊灯具，仅适用于悬吊白炽灯泡等较轻的灯具； 杆吊灯用圆钢悬吊灯具，用于悬吊较重的灯具，如很重的花灯和组合灯具等
		吸顶灯是将灯具紧贴楼板的顶板或者装饰吊顶面安装，除较重者需用吊杆（圆钢）悬吊吸顶外，一般的当紧贴楼板顶板安装吸顶灯时，用塑料胀塞或膨胀螺栓固定灯具；当吸顶灯具贴在吊顶上安装时，除较重的吸顶灯具（如组合灯具）需用吊杆圆钢悬吊外，一般的吸顶灯用自攻螺丝直接固定在吊顶龙骨上安装； 壁灯是指灯具安装在墙上或柱子上，用塑料胀塞生根固定，如座灯和弯灯等； 落地灯是指灯具直接或者通过支架安装在地板上，如某些投光灯具； 嵌入灯是灯具嵌装在吊顶内，使灯具在安装后仅露出底面的灯罩。当灯具较重时，用吊杆圆钢悬吊；当灯具不重时，可用自攻螺丝将灯具固定于相应的加固的龙骨上

续表

序号	划分	内容
3	按灯具结构分类	照明灯具按灯具结构的特点分为开启式灯具、保护式灯具、密闭式灯具和防爆式灯具等； 开启式灯具无透明罩、光源与外界直接相通； 保护式灯具有闭合透光罩； 密闭式灯具将灯具内部和外部分开，如防水防尘灯等； 防爆式灯具是用于易燃易爆场所的安全灯具
4	按灯具用途分类	照明灯具按灯具的用途可分为正常工作用照明灯具和事故状态时的照明灯具。事故照明分为工作用事故照明和疏散用事故照明 　工作用事故照明，一般在建筑的工作区域由于故障使工作照明灯具熄灭后，当产生爆炸、火灾或人身伤害时，用于保护建筑、设备和人身的安全。疏散用事故照明，一般在建筑的工作区域由于故障使工作照明灯具熄灭后，用于指示人们离开该区域的路径，供人们有序地疏散 　疏散用事故照明用疏散指示标志灯。在疏散指示标志灯上，有用于引导人们疏散的标志，一般安装在安全门和楼梯口的顶部，或者安装在距地面高度1m的墙面上和走道转弯处 　工作用事故照明一般安装在顶部的吊顶上或楼板上，与正常工作用照明灯具按设计所规定的排列顺序间隔安装。一般多采用事故荧光灯 　事故照明所使用的灯具统称为"应急照明灯具"。灯的应急电源由灯具配套设置的镉镍电池提供。正常工作时，由来自照明配电箱的交流电源给镉镍电池充电，因故障停电后，镉镍电池（即应急电源）向灯具供电

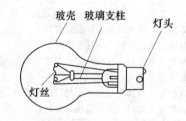

图 1-51　白炽灯

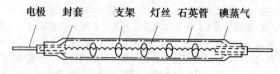

图 1-52　卤钨灯

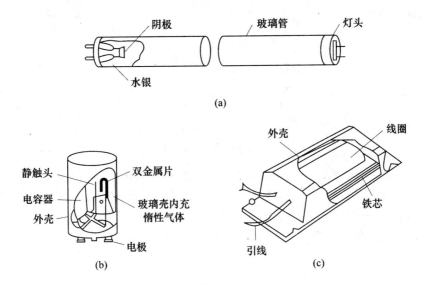

图 1-53　荧光灯

（a）荧光灯管；（b）启辉器；（c）镇流器

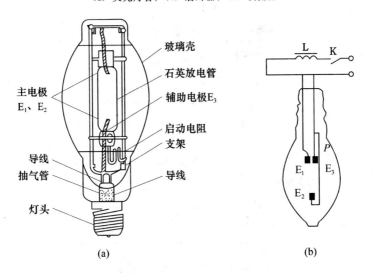

图 1-54　高压汞灯

（a）高压汞灯的构造；（b）高压汞灯的工作电路图

2. 电气照明线路

照明供电线路一般分为单相制（220V）和三相四线制（380V/220V）两种。

1）220V 单相制。一般小容量（负荷电流为 15～20A）照明负荷，可采用 220V 单相二线制交流电源，如图 1-55 所示。它由外线路上一根相线和一根中性线组成。

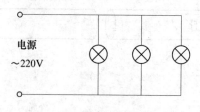

图 1-55　220V 单相制

2) 380V/220V 三相四线制。大容量（负荷电流在 30A 以上）照明负荷，一般采用 380V/220V 三相四线制中性点直接接地的交流电源。这种供电方式先平均分配各种单相负荷，再分别接在每一根相线和中性线之间，如图 1-56 所示。当三相负荷平衡时，中性线上无电流，所以在设计电路时应尽可能使各相负荷平衡。

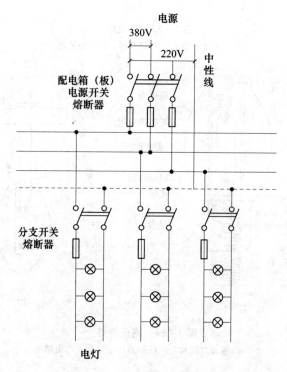

图 1-56　380V/220V 三相四线制

3. 照明线路的基本组成

照明线路的基本组成如图 1-57 所示。图中由室外架空线路电杆上到建筑物外墙支架上的线路称为"引下线"（即接户线）；从外墙到总配电箱的线路称为"进户线";由总配电箱至分配电箱的线路称为"干线";由分配电箱至照明灯具的线路称为"支线"。

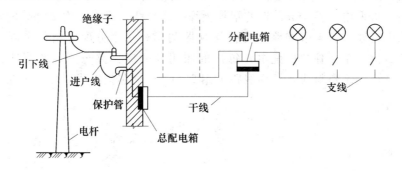

图 1-57 照明线路的基本组成

4. 干线配线方式

由总配电箱到分配电箱的干线。有放射式、树干式和混合式三种供电方式,如图 1-58 所示。

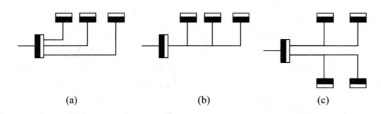

(a)   (b)   (c)

图 1-58 照明干线的配线方式
(a) 放射式;(b) 树干式;(c) 混合式

5. 照明支线

照明支线又称"照明回路",是指分配电箱到用电设备这段线路,即将电能直接传递给用电设备的配电线路。

二、动力与照明施工图识读

1. 动力、照明系统图的识读

动力、照明系统图由图形符号、文字符号绘制而成,用来概略表示该建筑内动力、照明系统或分系统的基本组成、相互关系及主要特征的一种简图。它具有电气系统图的基本特点,能集中体现出动力及照明的安装容量、计算容量、计算电流、配电方式、导线或电缆的型号、规格、数量、敷设方式及穿管管径、开关及熔断器的规格型号等。它和变电所主接线图属同一类型图纸,只是动力、照明系统图比变电所主接线图描述得更为详细。

如图 1-59 所示是某住宅楼照明配电系统图。由图 1-59 可知该住宅楼照明配电系统由一个总配电箱和 6 个分配电箱组成。进户线采用 4 根 16mm² 的铝芯塑料绝缘线，穿直径为 32mm 的水煤气管，墙内暗敷。由总配电箱引出 4 条支路，第 1、2、3 支路分别引至 5、6 分配电箱、3、4 分配电箱和 1、2 分配电箱，均采用 3 根 4mm^2 铜芯塑料绝缘线作导线，穿直径为 20mm 的水煤气管墙内暗敷。第 4 条支路则专供楼梯照明用。每个分配电箱负责同一层甲、乙、丙、丁 4 住户的配电，每户的照明和插座回路分开。照明线路采用 1.5mm^2 铜芯塑料线，插座线路采用 2.5mm^2 铜芯塑料线，均穿水煤气管暗敷。

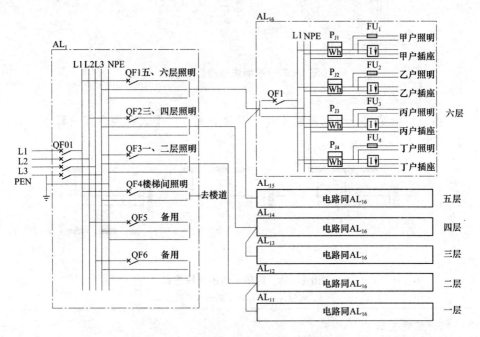

图 1-59 某住宅楼照明配电系统图

图 1-60 所示为某车间动力配电系统图，该图采用单线表示法绘制。由图可知该车间动力配电系统概况：该车间进线采用 2 根型号 VLV$_{22}$ 型 4 芯低压电力电缆，穿 2 根直径为 70mm 的水煤气管埋地进入总配电箱，然后电能分配引出 5 条支路。其中 WP$_1$ 引至车间的裸母线 WB$_1$ 处，WP$_2$ 引至空压机室，WP$_3$ 引至车间插接式母线槽 WB$_2$，WP$_4$ 引至该车间机加工、装配工段起重机滑触线 WT$_2$，WP$_5$ 引至用于该车间功率补偿的电容器柜。各支部均使用 BLV 型铝芯塑料绝缘线作为导线，采用穿管敷设，所用导线规格和数量见图 1-60 所注。若再进一步了解各支路敷设部位及各分配电箱在车间内的安装位置，则可阅读车间动力平面图。

2. 电力及照明平面图的识读

电力及照明平面图是表示建筑物内电力设备、照明设备和配电线路平面

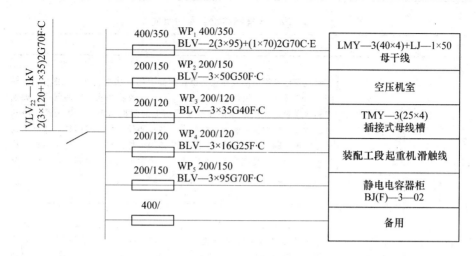

图 1－60　某车间动力配电系统图

布置的图纸，是一种位置图。平面图应根据建筑物不同标高的楼层地面分别画出，每一楼层要分开绘制地面的电力与照明平面图。

电力及照明平面图主要反映电力及照明线路的敷设位置、敷设方式、导线型号、截面、根数、线管的种类及线管管径。同时还标出各类用电设备（照明灯、吊扇、风机泵、插座）及配电设备（配电箱、控制箱、开关）的型号、数量、安装方式和相对位置。

在电力及照明平面图上，土建平面图的绘制是严格按比例的，但电气设备和导线并不按比例画出它们的形状和外形尺寸，而是用图形符号表示。导线和设备的空间位置、垂直距离的表示一般不另用立面图，而标注安装标高或用施工说明来表明。为了更好地突出电气设备和线路的安装位置、安装方式、电气设备和线路，一般都在简化的土建平面图上绘出，用细实线绘出土建部分的墙体、门窗、楼梯、房间，电气部分的灯具、开关、插座、配电箱等用中实线绘出，并标注必要的文字符号和安装代号。

第六节　建筑防雷与接地施工图读图识图

一、建筑防雷与接地工程概述

1. 建筑物防雷装置

建筑物防雷装置主要由接闪器、引下线和接地装置三部分组成，见表 1－32。

表 1－32　建筑物防雷装置的组成

序号	名称		内容
1	接闪器	接闪杆	附设在建筑物顶部或独立装设在地面上的针状金属杆。如图 1－61～图 1－63 所示。接闪杆主要适用于细高的建筑物和构筑物的保护，如烟囱和水塔等，或用来保护建筑物顶面上的附加凸出物，如天线、冷却塔。对较低矮的建筑和地下建筑及设备，要使用独立接闪杆，独立接闪杆按要求用圆钢焊制铁塔架，顶端装接闪杆体。在地面上的接闪杆保护半径约为接闪杆高度的 1.5 倍。工程上经常采用多支接闪杆，其保护范围是几个单支接闪杆叠加保护的范围
		接闪带	沿着建筑物易受雷击部位如屋脊、屋檐、屋角及女儿墙等暗敷设的带状金属线。接闪带应采用镀锌圆钢或扁钢制成。镀锌圆钢直径就为 12mm，镀锌扁钢－25mm×4mm 或－40mm×4mm。在使用前，应对圆钢或扁钢进行调直加工，对调直的圆钢或扁钢，沿支座或支架的路径顺直进行敷设，如图 1－64 所示
		接闪网	在较重要的建筑物上或面积较大的屋面上，纵横敷设金属线组合成矩形平面网格，或以建筑物外形构成一个整体的较密的金属大网笼，实行较全面的保护，如图 1－65 所示
2	引下线		连接接闪器与接地装置的金属导体。引下线的作用是把接闪器上的雷电电流连接到接地装置并引入大地
3	接地装置（图 1－66）	接地体 自然接地体	兼作接地体用的直接与大地接触的各种金属构件、金属管道及建筑物的钢筋混凝土基础等，称为"自然接地体"。自然接地体一般包括直接与大地可靠接触的各类金属构件、金属井管、金属管道和设备（通过或储存易燃易爆介质的除外）、水工构筑物、构筑物的金属桩和混凝土建筑物的基础。在建筑施工中，一般选用混凝土建筑物的基础钢筋作为自然接地体
		接地体 人工接地体	特意埋入地下专门作接地用的金属导体。一般接地体多采用镀锌角钢或镀锌钢管制作
		接地线	连接被接地设备与接地体的金属导体。与设备相连的接地线可以是钢材，也可以是铜导线或铝导线

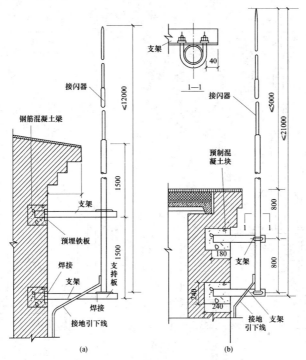

图 1-61 安装在建筑物墙上的接闪杆

（a）在侧墙；（b）在山墙

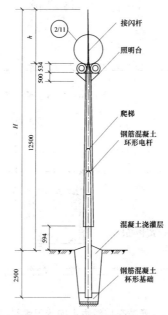

图 1-62 钢筋混凝土环形
电杆独立接闪杆

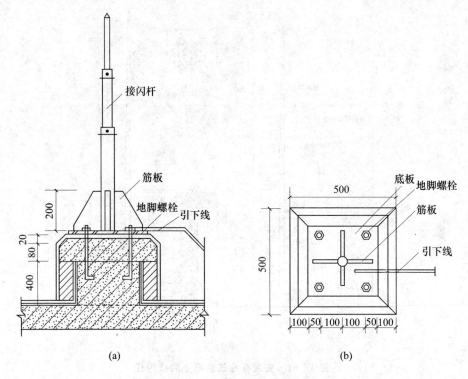

图 1-63 安装在屋面上的接闪杆

（a）剖面图；（b）平面图

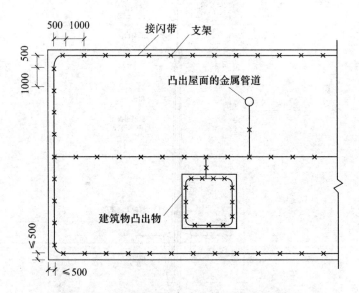

图 1-64 安装在挑檐板上的接闪带平面示意图

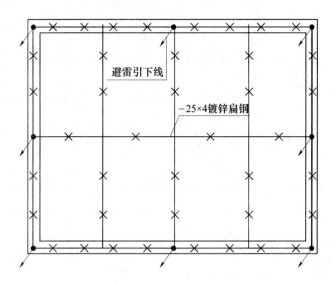

图 1-65 避雷网示意图

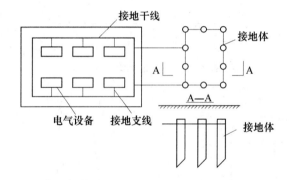

图 1-66 接地装置示意图

2. 接地类型

电气设备或其他设施的某一部位,通过金属导体与大地的良好接触称为"接地"。

接地的类型见表 1-33。

表 1-33 接地的类型

序号	名称	内容
1	工作接地	为了保证电气设备在正常和事故情况下可靠地工作而进行的接地,叫作"工作接地"。如变压器和发电机的中性点直接接地或经消弧线圈接地等
2	保护接地	为了保证人身安全,防止触电事故而进行的接地,叫作保护接地。如电气设备正常运行时不带电的金属外壳及构架等的接地

续表

序号	名称	内容
3	防雷接地	防止雷电的危害而进行接地，如建筑物的钢结构、避雷网等接的地，叫作"防雷接地"
4	防静电接地	为了防止可能产生或聚集静电荷而对金属设备、管道、容器等进行的接地，叫作"防静电接地"
5	保护接零	为了保证人身安全，防止触电，将电气设备正常运行时不带电的金属外壳与零线连接，叫作"保护接零"
6	重复接地	在中性点直接接地的低压系统中，为了确保接零保护安全可靠，除在电源中性点进行工作接地外，还必须在零线的其他地方进行必要的接地，叫作"重复接地"

各种电气接地、接零如图 1-67 所示。

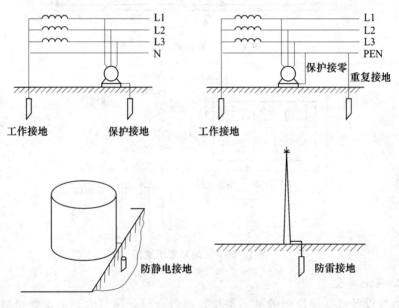

图 1-67　电气接地、接零

二、建筑防雷与接地施工图识读

1. 建筑防雷施工图识读

1）明确建筑物的雷击类型、防雷等级、防雷的措施。

2）在确定防雷采用的方式后，分析建筑物接闪带等装置的安装方式，引下线的路径及末端连接方式等。

3）防雷装置使用的材料、尺寸及型号。

图 1-68 所示为某大楼屋面防雷电气工程图。图中建筑物为一级防雷保护，在屋顶水箱及女儿墙上敷设接闪带（－25mm×4mm 镀锌扁钢），局部加

装防雷网格以防直击雷。不同屋面有高差存在通过图中不同的标高说明,在不同标高处用－25mm×4mm 镀锌扁钢与接闪带相连。图中接闪带上的交叉符号,表示接闪带与女儿墙间的安装支柱位置。在建筑施工图上,一般不注明安装支架的具体位置尺寸,仅在相关的设计说明中指出安装支柱的间距。一般安装支柱距离为1m,转角处的安装支柱距离为 0.5m。

　　屋面上所有金属构件与接地体均采用可靠连接,5 个航空障碍灯、卫星天线的金属支架均应可靠接地。屋面防雷网格在屋面顶板内 50mm 处安装。

　　大楼防雷引下线共 22 条,图中方向指向斜下方的箭头及实圆点来表示。实际工程中是利用柱子中的两根主筋作为防雷引下线,作为引下线的主筋要可靠焊接。

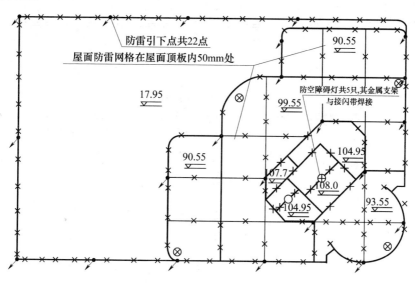

图 1－68　某大楼屋面防雷电气工程图

　　每三层沿大楼建筑物四周在结构圈梁内敷设一条－25mm×4mm 的镀锌扁钢或利用结构内的主筋焊接构成均压环。所有引下线与建筑物内固定的均压环连接。自 30m 以上,所有的金属栏杆、金属门窗均与防雷系统可靠连接,以免侧击雷的破坏。

　　2.建筑接地施工图识读

　　某变电站接地平面图,如图 1－69 所示。从图中可以看出接地系统的布置,墙的四周用－25mm×4mm 的镀锌扁钢作为接地支线,－40mm×4mm 的镀锌扁钢为接地干线,两组接地体,每组有 G50 的镀锌钢管三根,每根长度为 2.5m。变压器利用轨道接地,高压柜和低压柜通过 10 号钢槽支架接地。变电站电气接地的接地电阻不大于 4Ω。

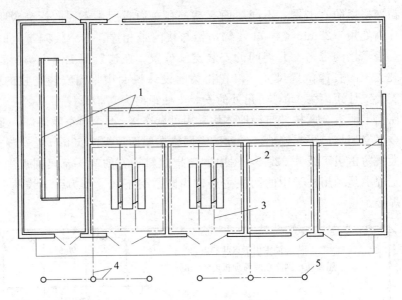

图 1-69 某变电站接地平面图

1—10 号槽钢支架接地；2——25mm×4mm 镀锌扁钢；3—变压器轨道接地；

4——40mm×4mm 镀锌扁钢；5—G50mm 镀锌钢管为接地体

第二章 电气工程造价构成与计算

第一节 工程造价概述

一、工程造价的分类

1. 按用途分类

建筑工程造价根据用途可分为标底价格、投标价格、中标价格、直接发包价格、合同价格和竣工结算价格。

（1）标底价格 标底价格是招标人的期望价格，不是交易价格。招标人以此作为衡量投标人投标价格的尺度，也是招标人控制投资的一种手段。

编制标底价可以是由招标人自行操作，也可以委托招标代理机构，由招标人作出决策。

（2）投标价格 投标人为了得到工程施工承包的资格，依照招标人在招标文件中的要求进行估价，然后根据投标策略确定投标价格，以争取中标并且通过工程的实施取得经济效益。投标报价是卖方的要价，如果中标，则这个价格就是合同谈判和签订合同确定工程价格的基础。

若设有标底，要研究在投标报价时招标文件中评标时如何使用标底。

1）以靠近标底者得分最高，这时报价就无需追求最低标价。

2）标底价仅作为招标人的期望，但是仍希望低价中标，此时，投标人就要努力采取措施，既使得标价最具竞争力（最低价），又使得报价不低于成本，同时还能获得理想的利润。"既能中标，又能获利"是投标报价的原则，因此，投标人的报价必须以雄厚的技术和管理实力作后盾，编制出既有竞争力，又能盈利的投标报价。

（3）中标价格 《招标投标法》第 40 条规定："评标委员会应当按照招标文件确定的评标标准和方法，对投标文件进行评审和比较；设有标底的，应当参考标底。"所以评标的依据一是招标文件，二是标底（若设有标底）。

《招标投标法》第 41 条规定，中标人的投标应符合下列两个条件之一。一是"能最大限度地满足招标文件中规定的各项综合评价标准"；二是"能够满足招标文件的实质性要求，并且经评审的投标价格最低，但是投标价低于成本的除外"。第二项条件主要是针对投标报价而言。

(4) 直接发包价格 直接发包价格是由发包人与指定的承包人直接接触，通过谈判达成协议签订施工合同，而无需像招标承包定价方式那样，通过竞争定价。直接发包方式计价对不宜进行招标的工程适用，例如军事工程、保密技术工程、专利技术工程，以及发包人认为不宜招标但是又不违反《招标投标法》第 3 条规定的其他工程。

直接发包方式计价的可能是发包人或其委托的中介机构首先提出协商价格意见，也可能是由承包人提出价格意见交发包人或其委托的中介组织进行审核。无论协商价格意见由哪方提出，都要通过谈判协商，签订承包合同，确定为合同价。

直接发包价格将审定的施工图预算作为基础，由发包人与承包人商定增减价的方式定价。

(5) 合同价格 《建设工程施工发包与承包计价管理办法》第 12 条规定："合同价可采用以下方式：①固定价。合同总价或者单价在合同约定的风险范围内不可调整。②可调价。合同总价或者单价在合同实施期内，根据合同约定的办法调整。③成本加酬金。"

1) 固定合同价。它可以分为固定合同总价和固定合同单价两种。

① 固定合同总价。它是指承包整个工程的合同价款总额已经确定，在工程实施中不再因物价上涨而变化，所以，固定合同总价应该考虑价格风险因素，也须在合同中明确规定合同总价包括的范围。这类合同价可以使发包人对工程总开支做到心中大体有数，可以更有效地控制施工过程中资金的使用。但是对承包人来说，要承担较大的风险，例如物价波动、气候条件恶劣、地质地基条件及其他意外困难等，所以合同价款通常会较高些。

② 固定合同单价。它是指合同中确定的各项单价在工程实施期间不因价格变化而调整，而是在每月（或每阶段）工程结算时，参照实际完成的工程量结算，在工程全部完成时以竣工图的工程量为准最终结算工程总价款。

2) 可调合同价。

① 可调总价。合同中确定的工程合同总价在实施期间可随价格的变化而作出调整。发包人和承包人在商订合同时，以招标文件的要求以及当时的物价计算出合同总价。如果在执行合同期间，因为通货膨胀引起成本增加达到某一限度时，合同总价则作相应的调整。可调合同价使发包人承担了通货膨胀的风险，承包人则承担其他类风险。一般适合于工期较长（例如 1 年以上）的项目。

② 可调单价。合同单价可调，通常规定在工程招标文件中。在合同中签订的单价，根据合同约定的条款，如果物价在工程实施过程中发生变化，可作相应调整。有的工程在招标或签约时，因为一些不确定因素而在合同中暂

定某些分部分项工程的单价，在工程结算时，根据实际情况和合同约定对合同单价进行调整，确定实际结算单价。

3) 成本加酬金确定的合同价。合同中确定的工程合同价，其工程成本部分按照现行的计价依据计算，酬金部分则根据工程成本与通过竞争确定的费率相乘计算，将两者相加，确定出合同价。通常有以下几种形式：

① 成本加固定百分比酬金确定的合同价。这种合同价是由发包人向承包人支付的人工、材料和施工机械使用费、措施费，以及施工管理费等，按照实际直接成本全部据实补偿，同时根据实际直接成本的固定百分比付给承包人一笔酬金，作为承包方的利润。

② 成本加固定酬金确定的合同价。工程成本实报实销，但酬金确是事先商定的一个固定数目。

③ 成本加浮动酬金确定的合同价。这种承包方式要事先商定工程成本和酬金的预期水平。若实际成本正好与预期水平相等，工程造价就是成本加固定酬金；若实际成本比预期水平低，则增加酬金；若实际成本比预期水平高，则减少酬金。

从理论上讲，这种承包方式既对发、承包双方都没有太多风险，又能促使承包商关心降低成本和缩短工期；但要准确地在实践中估算预期成本比较困难，因此要求当事双方具有丰富的经验且掌握充分的信息。

④ 目标成本加奖罚确定的合同价。在只有初步设计和工程说明书就迫切要求开工的情况下，可根据粗略估算的工程量和适当的单价表编制概算，作为目标成本；随着逐步具体化的详细设计，工程量和目标成本可加以调整，另外规定一个百分数作为酬金；在最后结算时，如果实际成本高于目标成本并且超过事先商定的界限（例如5%），则减少酬金，若实际成本低于目标成本（同样有一个幅度界限），则加给酬金。

这种承包方式不仅可以促使承包商关心降低成本和缩短工期，而且目标成本的确定是随设计的进展而加以调整而来的，所以建设单位和承包商双方都不会承担多大风险。当然也要求承包商和建设单位的代表都要具有比较丰富的经验和掌握充分的信息。

在工程实践中，合同计价方式采用固定价还是可调价方式，应根据建设工程的特点，业主对筹建工作的设想以及对工程费用、工期和质量的要求等，综合考虑后进行确定。

2. 按计价方法分类

建筑工程造价按计价方法可以分为估算造价、概算造价和施工图预算造价等，详细叙述如下：

(1) 建筑工程估算造价 估算造价是对建筑工程的全部造价进行估算，

以满足项目建议书、可行性研究及方案设计的需要。

（2）建筑工程概算造价　建筑工程概算造价又称"初步设计概算造价"。

初步设计概算文件由概算编制说明、总概算书、单项工程综合概算书、单位工程概算书、其他工程和费用概算书和钢材、木材、水泥等主要材料表组成。

（3）建筑工程施工图预算造价　施工图设计阶段应编制施工图预算，其造价应控制在批准的初步设计概算造价之内，超过时，应分析原因并采取措施加以调整或上报审批。施工图预算是当前进行工程招标的主要基础，其中工程量清单是招标文件的组成部分，其造价是标底的主要依据。施工图预算是工程直接发包价格的计价根据。

施工图预算一般由设计单位编制，工程标底一般由咨询公司编制，而投标报价则由承包人编制。

二、工程造价的特点及职能

1. 工程造价的特点

（1）大额性　普通工程项目的造价可达人民币数百万、数千万、数亿、十几亿元，特大型工程项目的造价可达百亿、千亿元人民币，因此说工程造价具有大额性的特点，并关系到相关方面的重大经济利益，同时也会重大地影响宏观经济产生。

（2）个别性、差异性　因为任何一项工程都有特定的用途、功能和规模，所以对每一项工程的结构、造型、空间分割、设备配置和内外装饰都有具体的要求，从而使工程内容和实物形态都具有个别性和差异性。工程造价的个别性差异由产品的差异性决定。同时，每项工程所处地区和地段都不相同，又加强了这一特点。

（3）动态性　任何一项工程从决策到竣工交付使用，都有一个较长的建设期间，期间由于许多不可控，如工程变更，设备材料价格，工资标准，以及费率、利率、汇率等发生变化的因素的影响。这些变化必然会影响到造价的变动。所以，工程造价在整个建设期中处于不确定状态，只有到竣工决算后工程的实际造价才能被最终确定。

（4）层次性　工程的层次性决定造价的层次性。一个建设项目通常含有多个能够独立发挥设计效能的单项工程（例如教学楼、住宅楼、博物馆等）。一个单项工程又是由多个能够各自发挥专业效能的单位工程（例如建筑工程、装饰装修工程等）组成。因此，工程造价分为三个层次：建设项目总造价、单项工程造价和单位工程造价。如果专业分工更细，单位工程的组成部分——分部分项工程也可以成为交换对象，例如大型土方工程、基础工程、砌筑工程等，这样工程造价的层次增加了分部工程和分项工程而成为五个层次。

从造价的计算和工程管理的角度看，工程造价的层次性也是非常突出的。

（5）兼容性　工程造价的兼容性主要表现在它具有两种含义及工程造价构成因素的广泛性和复杂性。在工程造价中，首先，成本因素非常复杂；其次，建设工程用地支出的费用、项目可行性研究和规划设计费用、与政府一定时期政策（尤其是产业政策和税收政策）相关的费用占有相当的份额；再次，盈利的构成也较为复杂，资金成本较大。

2．工程造价的职能

工程造价除具有一般商品价格职能外，还具有如下特殊的职能。

（1）预测职能　由于工程造价的大额性和多变性，投资者和承包商都要对拟建工程进行预先测算。投资者预先测算工程造价不仅作为项目决策依据，还是筹集资金、控制造价的依据。承包商对工程造价的测算，既为投标决策提供依据，也为投标报价和成本管理提供依据。

（2）控制职能　工程造价的控制职能表现在两方面：一方面是它对投资的控制，即在投资的各个阶段，根据对造价的多次性预估，进行全过程、多层次的控制；另一方面，是对以承包商为代表的商品和劳务供应企业的成本控制。在价格一定的条件下，企业实际成本开支决定企业的盈利水平。成本越高，盈利越低。成本高于价格，就会危及企业的生存。所以，企业要以工程造价来控制成本，利用工程造价提供的信息资料作为控制成本的依据。

（3）评价职能　工程造价是评价总投资和分项投资合理性和投资效益的主要依据之一。评价土地价格、建筑安装产品和设备价格的合理性时，就必须利用工程造价资料；在评价建设项目偿贷能力、获利能力和宏观效益时，也要依据工程造价。工程造价还是评价建筑安装企业管理水平和经营成果的重要依据。

（4）调节职能　工程建设不仅直接关系到经济增长，还直接关系到国家重要资源分配和资金流向，对国计民生均会产生重大影响。所以，国家对建设规模、结构进行宏观调节是在任何条件下都不可缺少的，对政府投资项目进行直接调控和管理也是必需的。这些都要通过工程造价来对工程建设中的物质消耗水平、建设规模和投资方向等进行调节。

第二节　工程造价的构成与计算

工程造价的构成主要划分为设备及工、器具购置费用，建筑安装工程费用，工程建设其他费用，预备费，建设期间贷款利息，固定资产投资方向调节税等几项。具体构成内容如图 2-1 所示。

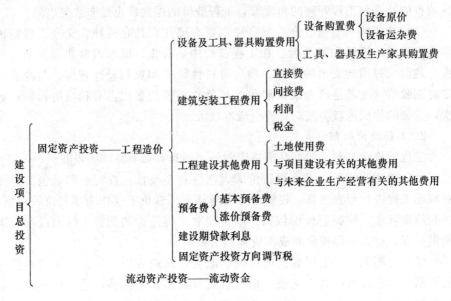

图 2-1　工程造价的构成

一、设备及工具、器具购置费

1. 设备购置费的构成及计算

设备购置费是为建设项目购置或自制的达到固定资产标准的各种国产或进口设备、工具、器具的购置费用。计算公式如下：

$$设备购置费＝设备原价＋设备运杂费 \qquad (2-1)$$

设备原价是国产设备或进口设备的原价；设备运杂费是除设备原价以外的关于设备采购、运输、途中包装及仓库保管等方面总的支出费用。

（1）国产设备原价的构成及计算　国产设备原价是设备制造厂的交货价或订货合同价。它通常依据生产厂或供应商的询价、报价、合同价确定，或采用一定的方法计算确定。国产设备原价由国产标准设备原价和国产非标准设备原价构成。

1）国产标准设备原价。国产标准设备是按照主管部门颁布的标准图纸及技术要求，由我国设备生产厂批量生产的、符合国家质量检测标准的设备。国产标准设备原价包括带有备件的原价和不带备件的原价。在计算时，通常采用带有备件的原价。国产标准设备具有完善的设备交易市场，所以可通过查询相关交易市场价格或向设备生产厂家询价得到其原价。

2）国产非标准设备原价。国产非标准设备是国家尚无定型标准，各设备生产厂不能在工艺过程中采用批量生产，只能按订货要求并依据具体的设计图纸制造的设备。非标准设备因为单件生产、无定型标准，所以无法获取市场交易价格，只能按其成本构成或者相关技术参数估算其价格。非标准设备原价有多种不同的计算方法，例如成本计算估价法、系列设备插入估价法、分部组合估价法和定额估价法等。这些方法应使非标准设备计价接近实际出厂价，并且计算方法要求简单方便。成本计算估价法是估算非标准设备原价比较常用的一种方法。按成本计算估价法，非标准设备的原价的构成如下：

① 材料费。其计算公式如下：

$$材料费 = 材料净重 \times (1 + 加工损耗系数) \times 每吨材料综合价 \quad (2-2)$$

② 加工费。加工费包括生产工人工资与工资附加费、燃料动力费、设备折旧费和车间经费等。其计算公式如下：

$$加工费 = 设备总质量(t) \times 设备每吨加工费 \quad (2-3)$$

③ 辅助材料费（简称"辅材费"）。辅助材料费包括焊条、焊丝、氧气、氩气、氮气、油漆和电石等费用。其计算公式如下：

$$辅助材料费 = 设备总质量 \times 辅助材料费指标 \quad (2-4)$$

④ 专用工具费。按①~③项之和乘以一定百分比计算。

⑤ 废品损失费。按①~④项之和乘以一定百分比计算。

⑥ 外购配套件费。按设备设计图纸所列的外购配套件的名称、型号、规格、数量和重量，依据相应的价格加运杂费计算。

⑦ 包装费。按①~⑥项之和乘以一定百分比计算。

⑧ 利润。按①~⑤项加第⑦项之和乘以一定利润率计算。

⑨ 税金。主要指增值税，计算公式为：

$$增值税 = 当期销项税额 - 进项税额 \quad (2-5)$$

$$当期销项税额 = 销售额 \times 适用增值税率(\%) \quad (2-6)$$

销售额为①~⑧项的总和。

⑩ 非标准设备设计费。依据国家规定的设计费收费标准计算。

综上所述，单台非标准设备原价可用下面的公式表达：

单台非标准设备原价

= {[（材料费 + 加工费 + 辅助材料费）×（1 + 专用工具费率）×

（1 + 废品损失费率）+ 外购配套件费] ×（1 + 包装费率）-

外购配套件费} ×（1 + 利润率）+ 销项税额 +

非标准设备设计费 + 外购配套件费 　　　　　　　　　　　(2-7)

（2）进口设备原价的构成及计算　进口设备的原价是指进口设备的抵岸价，由进口设备到岸价（CIF）和进口从属费构成。进口设备的到岸价，即抵达买方边境港口或者边境车站的价格。在国际贸易中，交易双方所使用的交货类别不同，则交易价格的构成内容也有所不同。进口从属费用包括银行财务费、外贸手续费、进口关税、消费税和进口环节增值税等，进口车辆还需缴纳车辆购置税。

1) 进口设备到岸价的构成及计算。

$$进口设备到岸价(CIF)=离岸价格(FOB)+国际运费+运输保险费$$
$$=运费在内价(CFR)+运输保险费 \qquad (2-8)$$

① 货价。它是装运港船上交货价（FOB）。设备货价分为原币货价和人民币货价，原币货价一律折算成美元表示，人民币货价按原币货价乘以外汇市场美元兑换人民币汇率中间价来确定。进口设备货价按有关生产厂商询价、报价、订货合同价计算。

② 国际运费。国际运费是从装运港（站）到达我国目的港（站）的运费。我国进口设备大部分采用海洋运输，小部分采用铁路运输，个别采用航空运输。进口设备国际运费计算公式如下：

$$国际运费(海、陆、空)=原币货价(FOB)\times 运费率(\%) \qquad (2-9)$$
$$国际运费(海、陆、空)=单位运价\times 运量 \qquad (2-10)$$

其中，运费率或单位运价按照有关部门或进出口公司的规定执行。

③ 运输保险费。对外贸易货物运输保险是由保险人（保险公司）与被保险人（出口人或进口人）订立保险契约，在被保险人交付一定的保险费后，保险人根据保险契约的规定对货物在运输过程中发生的承保责任范围内的损失给予经济上的补偿。它属于财产保险，计算公式如下：

$$运输保险费=\frac{原币货价(FOB)+国外运费}{1-保险费率(\%)}\times 保险费率(\%) \qquad (2-11)$$

其中，保险费率按照保险公司规定的进口货物保险费率计算。

2) 进口从属费的构成及计算。

$$进口从属费=银行财务费+外贸手续费+关税+消费税+$$
$$进口环节增值税+车辆购置税 \qquad (2-12)$$

① 银行财务费。银行财务费是在国际贸易结算中，中国银行为进出口商提供金融结算服务所收取的费用，可按下式计算：

$$银行财务费=离岸价格(FOB)\times 人民币外汇汇率\times 银行财务费率$$
$$(2-13)$$

② 外贸手续费。外贸手续费指按对外经济贸易部规定的外贸手续费率计取的费用，外贸手续费率一般取 1.5%。计算公式如下：

$$外贸手续费=到岸价格(CIF)\times 人民币外汇汇率\times 外贸手续费率$$
$$(2-14)$$

③ 关税。关税是由海关对进出国境或关境的货物和物品征收的一种税。计算公式如下：

$$关税=到岸价格(CIF)\times 人民币外汇汇率\times 进口关税税率 \qquad (2-15)$$

到岸价格作为关税的计征基数时，又称"关税完税价格"。进口关税税率分为优惠和普通两种。优惠税率适用于和我国签订关税互惠条款的贸易条约或协定的国家的进口设备；普通税率适用于和我国未签订关税互惠条款的贸易条约或协定的国家的进口设备。进口关税税率按照我国海关总署发布的进口关税税率计算。

④ 消费税。消费税仅对部分进口设备（例如轿车、摩托车等）征收，计算公式如下：

$$应纳消费税税额 = \frac{到岸价格（CIF）\times 人民币外汇汇率 + 关税}{1 - 消费税税率（\%）} \times 消费税税率（\%）$$

$$(2-16)$$

其中，消费税税率根据规定的税率计算。

⑤ 进口环节增值税。进口环节增值税是对从事进口贸易的单位和个人，在进口商品报关进口后征收的税种。我国增值税条例规定，进口应税产品均按组成计税价格和增值税税率直接计算应纳税额。即

$$进口环节增值税额 = 组成计税价格 \times 增值税税率（\%） \quad (2-17)$$

$$组成计税价格 = 关税完税价格 + 关税 + 消费税 \quad (2-18)$$

增值税税率依据规定的税率计算。

⑥ 车辆购置税。进口车辆需缴进口车辆购置税。其公式如下：

$$进口车辆购置税 = （关税完税价格 + 关税 + 消费税） \times 车辆购置税率（\%）$$

$$(2-19)$$

（3）设备运杂费的构成及计算

1）设备运杂费的构成。

① 运费和装卸费。国产设备由设备制造厂交货地点起至工地仓库（或施工组织设计指定的需要安装设备的堆放地点）止所发生的运费和装卸费；进口设备则由我国到岸港口或边境车站起至工地仓库（或施工组织设计指定的需安装设备的堆放地点）止所发生的运费和装卸费。

② 包装费。为运输而进行的包装支出的各种费用，不包含在设备原价中。

③ 设备供销部门的手续费。按有关部门规定的统一费率计算。

④ 采购与仓库保管费。采购与仓库保管费是采购、验收、保管和收发设备所发生的各种费用，包括设备采购人员、保管人员和管理人员的工资、工资附加费、办公费、差旅交通费，设备供应部门办公和仓库所占固定资产使用费、工具用具使用费、劳动保护费、检验试验费等。这些费用可按照主管部门规定的采购与保管费费率计算。

2）设备运杂费的计算。

计算公式如下：

$$设备运杂费＝设备原价×设备运杂费率（％） \qquad （2-20）$$

其中，设备运杂费率按照各部门及省、市有关规定计取。

2. 工具、器具及生产家具购置费的构成及计算

工具、器具及生产家具购置费是新建或扩建项目初步设计规定的，保证初期正常生产必须购置的没有达到固定资产标准的设备、仪器、工卡模具、器具、生产家具和备品备件等的购置费用。通常以设备购置费为计算基数，按照部门或行业规定的工具、器具及生产家具费率计算。计算公式为：

$$工具、器具及生产家具购置费＝设备购置费×定额费率 \qquad （2-21）$$

二、建筑安装工程费

1. 按费用构成要素划分建筑安装工程费用项目

建筑安装工程费按照费用构成要素划分：由人工费、材料（包含工程设备，下同）费、施工机具使用费、企业管理费、利润、规费和税金组成。其中人工费、材料费、施工机具使用费、企业管理费和利润包含在分部分项工程费、措施项目费、其他项目费中，如图2-2所示。

（1）人工费 人工费指按工资总额构成规定，支付给从事建筑安装工程施工的生产工人和附属生产单位工人的各项费用，其内容包括：

1）计时工资或计件工资：指按计时工资标准和工作时间或对已做工作按计件单价支付给个人的劳动报酬。

2）奖金：指对超额劳动和增收节支支付给个人的劳动报酬。如节约奖、劳动竞赛奖等。

3）津贴补贴：指为了补偿职工特殊或额外的劳动消耗和因其他特殊原因支付给个人的津贴，以及为了保证职工工资水平不受物价影响支付给个人的物价补贴。如流动施工津贴、特殊地区施工津贴、高温（寒）作业临时津贴、高空津贴等。

4）加班加点工资：指按规定支付的在法定节假日工作的加班工资和在法定日工作时间外延时工作的加点工资。

5）特殊情况下支付的工资：指根据国家法律、法规和政策规定，因病、工伤、产假、计划生育假、婚丧假、事假、探亲假、定期休假、停工学习、执行国家或社会义务等原因按计时工资标准或计时工资标准的一定比例支付的工资。

（2）材料费 材料费指施工过程中耗费的原材料、辅助材料、构配件、零件、半成品或成品、工程设备的费用。内容包括：

1）材料原价：指材料、工程设备的出厂价格或商家供应价格。

2）运杂费：指材料、工程设备自来源地运至工地仓库或指定堆放地点所发生的全部费用。

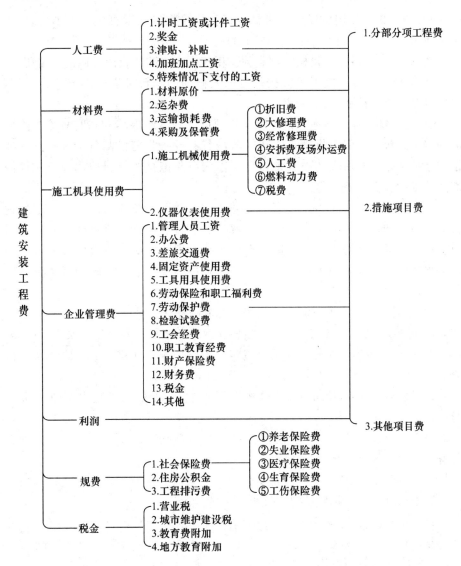

图 2-2　建筑安装工程费用项目组成（按费用构成要素划分）

3）运输损耗费：指材料在运输装卸过程中不可避免的损耗。

4）采购及保管费：指为组织采购、供应和保管材料、工程设备的过程中所需要的各项费用。包括采购费、仓储费、工地保管费、仓储损耗。

工程设备是指构成或计划构成永久工程一部分的机电设备、金属结构设备、仪器装置及其他类似的设备和装置。

（3）施工机具使用费　施工机具使用费指施工作业所发生的施工机械、仪器仪表使用费或其租赁费。

1）施工机械使用费以施工机械台班耗用量乘以施工机械台班单价表示，施工机械台班单价应由下列 7 项费用组成。

① 折旧费：指施工机械在规定的使用年限内，陆续收回其原值的费用。

② 大修理费：指施工机械按规定的大修理间隔台班进行必要的大修理，以恢复其正常功能所需的费用。

③ 经常修理费：指施工机械除大修理以外的各级保养和临时故障排除所需的费用。包括为保障机械正常运转所需替换设备与随机配备工具附具的摊销和维护费用，机械运转中日常保养所需润滑与擦拭的材料费用及机械停滞期间的维护和保养费用等。

④ 安拆费及场外运费：安拆费是指施工机械（大型机械除外）在现场进行安装与拆卸所需的人工、材料、机械和试运转费用以及机械辅助设施的折旧、搭设、拆除等费用；场外运费是指施工机械整体或分体自停放地点运至施工现场或由一施工地点运至另一施工地点的运输、装卸、辅助材料及架线等费用。

⑤ 人工费：指机上驾驶员（司炉）和其他操作人员的人工费。

⑥ 燃料动力费：指施工机械在运转作业中所消耗的各种燃料及水、电等。

⑦ 税费：指施工机械按照国家规定应缴纳的车船使用税、保险费及年检费等。

2）仪器仪表使用费：指工程施工所需使用的仪器仪表的摊销及维修费用。

（4）企业管理费　企业管理费指建筑安装企业组织施工生产和经营管理所需的费用。内容包括：

1）管理人员工资：指按规定支付给管理人员的计时工资、奖金、津贴补贴、加班加点工资及特殊情况下支付的工资等。

2）办公费：指企业管理办公用的文具、纸张、账表、印刷、邮电、书报、办公软件、现场监控、会议、水电、烧水和集体取暖降温（包括现场临时宿舍取暖降温）等费用。

3）差旅交通费：指职工因公出差、调动工作的差旅费、住勤补助费，市内交通费和误餐补助费，职工探亲路费，劳动力招募费，职工退休、退职一次性路费，工伤人员就医路费，工地转移费，以及管理部门使用的交通工具的油料、燃料等费用。

4）固定资产使用费：指管理和试验部门及附属生产单位使用的属于同定资产的房屋、设备、仪器等的折旧、大修、维修或租赁费。

5）工具用具使用费：指企业施工生产和管理使用的不属于同定资产的工具、器具、家具、交通工具和检验、试验、测绘、消防用具等的购置、维修和摊销费。

6）劳动保险和职工福利费：指由企业支付的职工退职金、按规定支付给离休干部的经费，集体福利费、夏季防暑降温、冬季取暖补贴、上下班交通补贴等。

7）劳动保护费：指企业按规定发放的劳动保护用品的支出。如工作服、手套、防暑降温饮料及在有碍身体健康的环境中施工的保健费用等。

8）检验试验费：指施工企业按照有关标准规定，对建筑及材料、构件和建筑安装物进行一般鉴定、检查所发生的费用，包括自设试验室进行试验所耗用的材料等费用。不包括新结构、新材料的试验费，对构件做破坏性试验及其他特殊要求检验试验的费用和建设单位委托检测机构进行检测的费用，对此类检测发生的费用，由建设单位在工程建设其他费用中列支。但对施工企业提供的具有合格证明的材料进行检测不合格的，该检测费用由施工企业支付。

9）工会经费：指企业按《工会法》规定的全部职工工资总额比例计提的工会经费。

10）职工教育经费：指按职工工资总额的规定比例计提，企业为职工进行专业技术和职业技能培训，专业技术人员继续教育、职工职业技能鉴定、职业资格认定以及根据需要对职工进行各类文化教育所发生的费用。

11）财产保险费：指施工管理用财产、车辆等的保险费用。

12）财务费：指企业为施工生产筹集资金或提供预付款担保、履约担保、职工工资支付担保等所发生的各种费用。

13）税金：指企业按规定缴纳的房产税、车船使用税、土地使用税、印花税等。

14）其他：包括技术转让费、技术开发费、投标费、业务招待费、绿化费、广告费、公证费、法律顾问费、审计费、咨询费、保险费等。

（5）利润　利润是指施工企业完成所承包工程获得的盈利。

（6）规费　规费是指按国家法律、法规规定，由省级政府和省级有关权力部门规定必须缴纳或计取的费用，其中包括：

1）社会保险费。

① 老保险费是指企业按照规定标准为职工缴纳的基本养老保险费。

② 失业保险费是指企业按照规定标准为职工缴纳的失业保险费。

③ 医疗保险费是指企业按照规定标准为职工缴纳的基本医疗保险费。

④ 生育保险费是指企业按照规定标准为职工缴纳的生育保险费。

⑤ 工伤保险费是指企业按照规定标准为职工缴纳的工伤保险费。

2）住房公积金：指企业按规定标准为职工缴纳的住房公积金。

3）工程排污费：指按规定缴纳的施工现场工程排污费。

其他应列而未列入的规费，按实际发生计取。

（7）税金　税金指国家税法规定的应计入建筑安装工程造价内的营业税、城市维护建设税、教育费附加及地方教育附加。

2. 按造价形成划分建筑安装工程费用项目

建筑安装工程费按照工程造价形成由分部分项工程费、措施项目费、其他项目费、规费、税金组成。分部分项工程费、措施项目费、其他项目费包含人工费、材料费、施工机具使用费、企业管理费和利润，如图2-3所示。

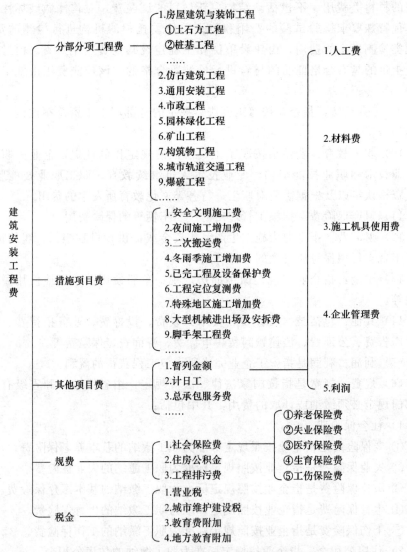

图2-3　建筑安装工程费用项目组成（按造价形成划分）

（1）分部分项工程费 指各专业工程的分部分项工程应予列支的各项费用。

1）专业工程：指按现行国家计量规范划分的房屋建筑与装饰工程、仿古建筑工程、通用安装工程、市政工程、园林绿化工程、矿山工程、构筑物工程、城市轨道交通工程、爆破工程等各类工程。

2）分部分项工程：指按现行国家计量规范对各专业工程划分的项目。如市政工程划分的土石方工程、道路工程、桥涵工程、隧道工程、管网工程、水处理工程、生活垃圾处理工程、路灯工程、钢筋工程及拆除工程等。

各类专业工程的分部分项工程划分见现行国家或行业计量规范。

（2）措施项目费 指为完成建设工程施工，发生于该工程施工前和施工过程中的技术、生活、安全、环境保护等方面的费用，其内容包括：

1）安全文明施工费：

① 环境保护费：指施工现场为达到环保部门要求所需要的各项费用。

② 文明施工费：指施工现场文明施工所需要的各项费用。

③ 安全施工费：指施工现场安全施工所需要的各项费用。

④ 临时设施费：指施工企业为进行建设工程施工所必须搭设的生活和生产用的临时建筑物、构筑物和其他临时设施费用。包括临时设施的搭设、维修、拆除、清理费或摊销费等。

2）夜间施工增加费：指因夜间施工所发生的夜班补助费、夜间施工降效、夜间施工照明设备摊销及照明用电等费用。

3）二次搬运费：指因施工场地条件限制而发生的材料、构配件、半成品等一次运输不能到达堆放地点，必须进行二次或多次搬运所发生的费用。

4）冬雨季施工增加费：指在冬季或雨季施工需增加的临时设施、防滑、排除雨雪，人工及施工机械效率降低等费用。

5）已完工程及设备保护费：指竣工验收前，对已完工程及设备采取的必要保护措施所发生的费用。

6）工程定位复测费：指工程施工过程中进行全部施工测量放线和复测工作的费用。

7）特殊地区施工增加费：指工程在沙漠或其边缘地区、高海拔、高寒、原始森林等特殊地区施工增加的费用。

8）大型机械设备进出场及安拆费：指机械整体或分体自停放场地运至施工现场或由一个施工地点运至另一个施工地点，所发生的机械进出场运输及转移费用及机械在施工现场进行安装、拆卸所需的人工费、材料费、机械费、试运转费和安装所需的辅助设施的费用。

9）脚手架工程费：指施工需要的各种脚手架搭、拆、运输费用，以及脚手架购置费的摊销（或租赁）费用。

措施项同及其包含的内容详见各类专业工程的现行国家或行业计量规范。

（3）其他项目费

1）暂列金额：指建设单位在工程量清单中暂定并包括在工程合同价款中的一笔款项。用于施工合同签订时尚未确定或者不可预见的所需材料、工程设备、服务的采购，施工中可能发生的工程变更、合同约定调整因素出现时的工程价款调整，以及发生的索赔、现场签证确认等的费用。

2）计日工：指在施工过程中，施工企业完成建设单位提出的施工图纸以外的零星项目或工作所需的费用。

3）总承包服务费：指总承包人为配合、协调建设单位进行的专业工程发包，对建设单位自行采购的材料、工程设备等进行保管及施工现场管理、竣工资料汇总整理等服务所需的费用。

（4）规费　规费定义同1"按费用构成要素划分建筑安装工程费用项目"（6）。

（5）税金　税金定义同1"按费用构成要素划分建筑安装工程费用项目"（7）。

3. 建筑安装工程费用参考计算方法

（1）各费用构成要素参考计算方法

1）人工费。

$$人工费 = \sum(工日消耗量 \times 日工资单价) \tag{2-22}$$

日工资单价

$$= \frac{生产工人平均月工资(计时计件) + 平均月(奖金 + 津贴补贴 + 特殊情况下支付的工资)}{年平均每月法定工作日}$$

$$\tag{2-23}$$

注：公式（2-22）主要适用于施工企业投标报价时自主确定人工费，也是工程造价管理机构编制计价定额确定定额人工单价或发布人工成本信息的参考依据。

$$人工费 = \sum(工程工日消耗量 \times 日工资单价) \tag{2-24}$$

日工资单价是指施工企业平均技术熟练程度的生产工人在每工作日（国家法定工作时间内）按规定从事施工作业应得的日工资总额。

工程造价管理机构确定日工资单价应通过市场调查，根据工程项目的技术要求，参考实物工程量人工单价综合分析确定，最低日工资单价不得低于工程所在地人力资源和社会保障部门所发布的最低工资标准的：普工为1.3倍、一般技工为2倍、高级技工为3倍。

工程计价定额不可只列一个综合工日单价，应根据工程项目技术要求和工种差别适当划分多种日人工单价，确保各分部工程人工费的合理构成。

注：公式（2-24）适用于工程造价管理机构编制计价定额时确定定额人工费，是施工企业投标报价的参考依据。

2）材料费。

① 材料费：

$$材料费=\sum（材料消耗量×材料单价） \qquad (2-25)$$

$$材料单价=\{（材料原价+运杂费）×[1+运输损耗率(\%)]\}×$$
$$[1+采购保管费率(\%)] \qquad (2-26)$$

② 工程设备费：

$$工程设备费=\sum（工程设备量×工程设备单价） \qquad (2-27)$$

$$工程设备单价=（设备原价+运杂费）×[1+采购保管费率(\%)]$$
$$\qquad (2-28)$$

3）施工机具使用费。

① 施工机械使用费：

$$施工机械使用费=\sum（施工机械台班消耗量×机械台班单价） \qquad (2-29)$$

$$机械台班单价=台班折旧费+台班大修费+台班经常修理费+台班安拆费$$
$$及场外运费+台班人工费+台班燃料动力费+台班车船税费 \qquad (2-30)$$

注：工程造价管理机构在确定计价定额中的施工机械使用费时，应根据《建筑施工机械台班费用编制计算规则》（2001年版）结合市场调查编制施工机械台班单价。施工企业可以参考工程造价管理机构发布的台班单价，自主确定施工机械使用费的报价，如租赁施工机械，公式为：施工机械使用费=$\sum$（施工机械台班消耗量×机械台班租赁单价）。

② 仪器仪表使用费：

$$仪器仪表使用费=工程使用的仪器仪表摊销费+维修费 \qquad (2-31)$$

4）企业管理费费率。

① 以分部分项工程费为计算基础：

$$企业管理费费率(\%)=\frac{生产工人年平均管理费}{年有效施工天数×人工单价}×$$
$$人工费占分部分项目工程费比例(\%) \qquad (2-32)$$

② 以人工费和机械费合计为计算基础：

$$企业管理费费率(\%)$$
$$=\frac{生产工人年平均管理费}{年有效施工天数×（人工单价+每一工日机械使用费）}×100\%$$
$$\qquad (2-33)$$

③ 以人工费为计算基础：

$$企业管理费费率(\%)=\frac{生产工人年平均管理费}{年有效施工天数×人工单价}×100\% \qquad (2-34)$$

注：上述公式适用于施工企业投标报价时自主确定管理费，是工程造价管理机构编制计价定额确定企业管理费的参考依据。

工程造价管理机构在确定计价定额中企业管理费时，应以定额人工费或（定额人工费＋定额机械费）作为计算基数，其费率根据历年工程造价积累的资料，辅以调查数据确定，列入分部分项工程和措施项目中。

5）利润。

① 施工企业根据企业自身需求并结合建筑市场实际自主确定，列入报价中。

② 工程造价管理机构在确定计价定额中利润时，应以定额人工费或（定额人工费＋定额机械费）作为计算基数，其费率根据历年工程造价积累的资料，并结合建筑市场实际确定，以单位（单项）工程测算，利润在税前建筑安装工程费的比重可按不低于5％且不高于7％的费率计算。利润应列入分部分项工程和措施项目中。

6）规费。

① 社会保险费和住房公积金应以定额人工费为计算基础，根据工程所在地省、自治区、直辖市或行业建设主管部门规定费率计算。

$$社会保险费和住房公积金＝\sum（工程定额人工费\times$$
$$社会保险费和住房公积金费率（\%）） \quad (2-35)$$

式中：社会保险费和住房公积金费率可以每万元发承包价的生产工人人工费和管理人员工资含量与工程所在地规定的缴纳标准综合分析取定。

② 工程排污费等其他应列而未列入的规费应按工程所在地环境保护等部门规定的标准缴纳，按实计取列入。

7）税金。

税金计算公式：

$$税金＝税前造价\times综合税率（\%） \quad (2-36)$$

综合税率：

① 纳税地点在市区的企业：

$$综合税率（\%）＝\frac{1}{1-3\%-(3\%\times7\%)-(3\%\times3\%)-(3\%\times2\%)}-1$$
$$(2-37)$$

② 纳税地点在县城、镇的企业：

$$综合税率（\%）＝\frac{1}{1-3\%-(3\%\times5\%)-(3\%\times3\%)-(3\%\times2\%)}-1$$
$$(2-38)$$

③ 纳税地点不在市区、县城、镇的企业：

$$综合税率(\%)=\frac{1}{1-3\%-(3\%\times1\%)-(3\%\times3\%)-(3\%\times2\%)}-1$$

$$(2-39)$$

④ 实行营业税改增值税的，按纳税地点现行税率计算。

（2）建筑安装工程计价参考计算

1）分部分项工程费。

$$分部分项工程费=\sum(分部分项工程量\times综合单价)\qquad(2-40)$$

式中：综合单价包括人工费、材料费、施工机具使用费、企业管理费和利润以及一定范围的风险费用（下同）。

2）措施项目费。

① 国家计量规范规定应予计量的措施项目，其计算公式为：

$$措施项目费=\sum(措施项目工程量\times综合单价)\qquad(2-41)$$

② 国家计量规范规定不宜计量的措施项目计算方法如下：

a. 安全文明施工费：

$$安全文明施工费=计算基数\times安全文明施工费费率(\%)\qquad(2-42)$$

计算基数应为定额基价（定额分部分项工程费＋定额中可以计量的措施项目费）、定额人工费或（定额人工费＋定额机械费），其费率由工程造价管理机构根据各专业工程的特点综合确定。

b. 夜间施工增加费：

$$夜间施工增加费=计算基数\times夜间施工增加费费率(\%)\qquad(2-43)$$

c. 二次搬运费：

$$二次搬运费=计算基数\times二次搬运费费率(\%)\qquad(2-44)$$

d. 冬雨季施工增加费：

$$冬雨季施工增加费=计算基数\times冬雨季施工增加费费率(\%)\qquad(2-45)$$

e. 已完工程及设备保护费：

$$已完工程及设备保护费=计算基数\times已完工程及设备保护费费率(\%)$$

$$(2-46)$$

上述 a～e 项措施项目的计费基数应为定额人工费或（定额人工费＋定额机械费），其费率由工程造价管理机构根据各专业工程特点和调查资料综合分析后确定。

3）其他项目费。

① 暂列金额由建设单位根据工程特点，按有关计价规定估算，施工过程中由建设单位掌握使用、扣除合同价款调整后如有余额，归建设单位。

② 计日工由建设单位和施工企业按施工过程中的签证计价。

③ 总承包服务费由建设单位在招标控制价中根据总包服务范围和有关计

价规定编制，施工企业投标时自主报价，施工过程中按签约合同价执行。

4）规费和税金。

建设单位和施工企业均应按照省、自治区、直辖市或行业建设主管部门发布标准计算规费和税金，不得作为竞争性费用。

（3）相关问题的说明

1）各专业工程计价定额的编制及其计价程序，均按上述计算方法实施。

2）各专业工程计价定额的使用周期原则上为5年。

3）工程造价管理机构在定额使用周期内，应及时发布人工、材料、机械台班价格信息，实行工程造价动态管理，如遇国家法律、法规、规章或相关政策变化及建筑市场物价波动较大时，应适时调整定额人工费、定额机械费及定额基价或规费费率，使建筑安装工程费能反映建筑市场实际。

4）建设单位在编制招标控制价时，应按照各专业工程的计量规范和计价定额以及工程造价信息编制。

5）施工企业在使用计价定额时除不可竞争费用外，其余仅作参考，由施工企业投标时自主报价。

4. 建筑安装工程计价程序

建设单位工程招标控制价计价程序见表2-1。

表2-1 建设单位工程招标控制价计价程序

工程名称：　　　　　　　　　　　　标段：

序号	内容	计算方法	金额/元
1	分部分项工程费	按计价规定计算	
1.1			
1.2			
1.3			
1.4			
1.5			
2	措施项目费	按计价规定计算	
2.1	其中：安全文明施工费	按规定标准计算	
3	其他项目费		
3.1	其中：暂列金额	按计价规定估算	
3.2	其中：专业工程暂估价	按计价规定估算	
3.3	其中：计日工	按计价规定估算	
3.4	其中：总承包服务费	按计价规定估算	
4	规费	按规定标准计算	
5	税金（扣除不列入计税范围的工程设备金额）	（1+2+3+4）×规定税率	

招标控制价合计＝1+2+3+4+5

施工企业工程投标报价计价程序见表 2-2。

表 2-2 施工企业工程投标报价计价程序

工程名称： 标段：

序号	内容	计算方法	金额/元
1	分部分项工程费	自主报价	
1.1			
1.2			
1.3			
1.4			
1.5			
2	措施项目费	自主报价	
2.1	其中：安全文明施工费	按规定标准计算	
3	其他项目费		
3.1	其中：暂列金额	按招标文件提供金额计列	
3.2	其中：专业工程暂估价	按招标文件提供金额计列	
3.3	其中：计日工	自主报价	
3.4	其中：总承包服务费	自主报价	
4	规费	按规定标准计算	
5	税金（扣除不列入计税范围的工程设备金额）	（1+2+3+4）×规定税率	

投标报价合计=1+2+3+4+5

竣工结算计价程序见表 2-3。

表 2-3 竣工结算计价程序

工程名称： 标段：

序号	内容	计算方法	金额/元
1	分部分项工程费	按合同约定计算	
1.1			
1.2			
1.3			
1.4			
1.5			
2	措施项目费	按合同约定计算	
2.1	其中：安全文明施工费	按规定标准计算	

续表

序号	内容	计算方法	金额/元
3	其他项目费		
3.1	其中：专业工程结算价	按合同约定计算	
3.2	其中：计日工	按计日工签证计算	
3.3	其中：总承包服务费	按合同约定计算	
3.4	其中：索赔与现场签证	按发承包双方确认数额计算	
4	规费	按规定标准计算	
5	税金（扣除不列入计税范围的工程设备金额）	（1＋2＋3＋4）×规定税率	

竣工估算总价合计＝1＋2＋3＋4＋5

三、工程建设其他费用

工程建设其他费用是指从工程筹建起到工程竣工验收交付使用的整个建设期间，除建筑安装工程费用和设备及工具、器具购置费以外，为保证工程建设顺利完成和交付使用后能够正常发挥效用而发生的各项费用。

工程建设其他费用，按其内容大体可分为固定资产其他费用、无形资产费用和其他资产费用三类。

1. 固定资产其他费用

固定资产其他费用是固定资产费用的一部分。固定资产费用是指项目投产时将直接形成固定资产的建设投资，包括工程费用及在工程建设其他费用中按规定将形成固定资产的费用，后者被称为"固定资产其他费用"。

（1）建设管理费 建设管理费是建设单位从项目筹建开始直至工程竣工验收合格或交付使用所发生的项目建设管理费用。

1）建设管理费的内容。

① 建设单位管理费：指建设单位发生的管理性质的开支。它包括工作人员工资、工资性补贴、施工现场津贴、职工福利费、住房基金、基本养老保险费、基本医疗保险费、失业保险费、工伤保险费、办公费及差旅交通费等。

② 工程监理费：指建设单位委托工程监理单位实施工程监理的费用。此项费用按有关规定计算。依法必须实行监理的建设工程施工阶段的监理收费实行政府指导价；其他建设工程施工阶段的监理收费和其他阶段的监理与相关服务收费实行市场调节价。

2）建设单位管理费的计算。建设单位管理费按照工程费用之和（包括设备工器具购置费和建筑安装工程费用）乘以建设单位管理费费率计算。

$$建设单位管理费＝工程费用×建设单位管理费费率（\%） \qquad (2-47)$$

（2）建设用地费 任何一个建设项目均固定在一定地点与地面相连接，

必须占用一定量的土地，因此必然会发生为获得建设用地而支付的费用，即土地使用费。它是指通过划拨方式取得土地使用权而支付的土地征用及迁移补偿费，或者通过土地使用权出让方式取得土地使用权而支付的土地使用权出让金。

1）土地征用及迁移补偿费。土地征用及迁移补偿费是建设项目通过划拨方式取得无限期的土地使用权，依照《中华人民共和国土地管理法》等规定所支付的费用。其总和一般不得超过被征土地年产值的30倍，土地年产值则按该地被征用前三年的平均产量和国家规定的价格计算。

2）土地使用权出让金。土地使用权出让金是指建设项目通过土地使用权出让方式，取得有限期的土地使用权，依照《中华人民共和国城镇国有土地使用权出让和转让暂行条例》规定支付的土地使用权出让金。

（3）可行性研究费　可行性研究费是在建设项目前期工作中，编制和评估项目建议书（或预可行性研究报告）、可行性研究报告所需的费用。此项费用应依据前期研究委托合同，或参照有关规定计算。

（4）研究试验费　研究试验费是为建设项目提供和验证设计参数、数据、资料等所进行的必要的试验费用，以及设计规定在施工中必须进行试验、验证所需的费用。包括自行或者委托其他部门研究试验所需人工费、材料费、试验设备和仪器使用费等。该项费用按照设计单位依据本工程项目的需要提出的研究试验内容和要求计算。

（5）勘察设计费　勘察设计费是委托勘察设计单位进行工程水文地质勘察、工程设计所发生的各项费用。它包括工程勘察费、初步设计费（基础设计费）、施工图设计费（详细设计费）和设计模型制作费。此项费用应按有关规定计算。

（6）环境影响评价费　环境影响评价费是指按照《中华人民共和国环境保护法》《中华人民共和国环境影响评价法》等规定，为全面、详细评价本建设项目对环境可能产生的污染或造成的重大影响所需的费用。它包括编制环境影响报告书（含大纲）、环境影响报告表，以及对环境影响报告书（含大纲）和环境影响报告表进行评估等所需的费用。此项费用可参照有关规定计算。

（7）场地准备及临时设施费

1）场地准备及临时设施费的内容。

① 建设项目场地准备费是指建设项目为达到工程开工条件进行的场地平整对建设场地余留的有碍于施工建设的设施进行拆除清理的费用。

② 建设单位临时设施费是指为满足施工建设需要而供到场地界区的、未列入工程费用的临时水、电、路、气、通信等其他工程费用和建设单位的现

场临时建（构）筑物的搭设、维修、拆除、摊销或建设期间租赁费用，以及施工期间专用公路或桥梁的加固、养护、维修等费用。

2) 场地准备及临时设施费的计算。

① 场地准备和临时设施应尽量与永久性工程统一考虑。建设场地的大型土石方工程应进入工程费用中的总图运输费用中。

② 新建项目的场地准备和临时设施费应依据实际工程量估算，或按工程费用的比例计算。改扩建项目通常只计拆除清理费。

$$场地准备和临时设施费 = 工程费用 \times 费率 + 拆除清理费 \quad (2-48)$$

③ 发生拆除清理费时可按新建同类工程造价或主材费、设备费的比例计算。凡可回收材料的拆除工程采用以料抵工方式冲抵拆除清理费。

④ 该项费用不包括已列入建筑安装工程费用中的施工单位临时设施费用。

(8) 引进技术和引进设备其他费

1) 引进项目图纸资料翻译复制费、备品备件测绘费，可根据引进项目的具体情况计列或按引进货价（FOB）的比例估列；引进项目发生备品备件测绘费时按具体情况估列。

2) 出国人员费用，包括买方人员出国设计联络、出国考察、联合设计、培训等所发生的旅费、生活费等。根据合同或协议规定的出国人次、期限及相应的费用标准计算。生活费按照财政部、外交部规定的现行标准计算，旅费按中国民航公布的票价计算。

3) 来华人员费用，包括卖方来华工程技术人员的现场办公费用、往返现场交通费用、接待费用等。根据引进合同或协议有关条款及来华技术人员派遣计划进行计算。来华人员接待费用可按每人次费用指标计算。引进合同价款中已包括的费用内容不得重复计算。

4) 银行担保及承诺费是引进项目由国内外金融机构出面承担风险和责任担保所发生的费用，以及支付贷款机构的承诺费用。应按担保或承诺协议计取。投资估算和概算编制时可以担保金额或承诺金额为基数乘以费率计算。

(9) 工程保险费 指建设项目在建设期间根据需要对建筑工程、安装工程、机器设备和人身安全进行投保而发生的保险费用。它包括建筑安装工程一切险、引进设备财产保险和人身意外伤害险等。

根据不同的工程类别，分别以其建筑、安装工程费乘以建筑、安装工程保险费率计算。民用建筑（例如住宅楼、综合性大楼、商场、旅馆、医院、学校）占建筑工程费的 2‰～4‰；其他建筑（例如工业厂房、仓库、道路、码头、水坝、隧道、桥梁、管道等）占建筑工程费的 3‰～6‰；安装工程（例如农业、工业、机械、电子、电器、纺织、矿山、石油、化学及钢铁工业、钢结构桥梁等）占建筑工程费的 3‰～6‰。

（10）联合试运转费　指新建项目或新增加生产能力的工程，在交付生产前按照批准的设计文件所规定的工程质量标准和技术要求，进行整个生产线或装置的负荷联合试运转或局部联动试车所发生的费用净支出。试运转支出包括试运转所需原材料、燃料及动力消耗、低值易耗品、其他物料消耗、工具用具使用费、机械使用费、保险金、施工单位参加试运转人员工资，以及专家指导费等；试运转收入包括试运转期间的产品销售收入和其他收入。

（11）特殊设备安全监督检验费　指在施工现场组装的锅炉及压力容器、压力管道、消防设备、燃气设备、电梯等特殊设备和设施，由安全监察部门按照有关安全监察条例和实施细则及设计技术要求进行安全检验，应由建设项目支付的、向安全监察部门缴纳的费用。该项费用按照建设项目所在省（自治区、直辖市）安全监察部门的规定标准计算。没有具体规定的，在编制投资估算和概算时可按受检设备现场安装费的比例估算。

（12）市政公用设施费　指使用市政公用设施的建设项目，按照项目所在地省一级人民政府有关规定建设或缴纳的市政公用设施建设配套费用，以及绿化工程补偿费用。该项费用按工程所在地人民政府规定标准计列。

2. 无形资产费用

无形资产费用是直接形成无形资产的建设投资，主要是指专利及专有技术使用费。具体内容如下：

1）国外设计和技术资料费，引进有效专利、专有技术使用费和技术保密费。

2）国内有效专利、专有技术使用费。

3）商标权、商誉和特许经营权费用等。

3. 其他资产费用

其他资产费用是指在建设投资中除形成固定资产和无形资产以外的部分，主要包括生产准备及开办费等。

（1）生产准备及开办费的内容　指为保证建设项目正常生产（或营业、使用）而发生的人员培训费、提前进厂费及投产使用必备的生产办公、生活家具用具及工器具等购置费用。

（2）生产准备及开办费的计算

1）新建项目以设计定员为基数计算，改扩建项目按新增设计定员为基数计算：

$$生产准备费＝设计定员×生产准备费指标(元/人) \qquad (2-49)$$

2）可采用综合的生产准备费指标进行计算，也可以按费用内容的分类指标进行计算。

四、预备费和建设期贷款利息

1. 预备费

预备费包括基本预备费和涨价预备费。

(1) 基本预备费

1) 基本预备费。基本预备费是针对在项目实施中可能发生的难以预料的支出，需要事先预留的费用，又称"工程建设不可预见费"。主要指设计变更及施工过程中可能增加工程量的费用。

2) 基本预备费的计算。

基本预备费＝(工程费用＋工程建设其他费用)×基本预备费费率

$$(2-50)$$

基本预备费费率的取值应执行国家和有关部门的规定。

(2) 涨价预备费

1) 涨价预备费。指针对建设项目在建设期间内由于材料、人工、设备等价格可能发生变化导致工程造价变化，而事先预留的费用，又称"价格变动不可预见费"。

2) 涨价预备费的测算方法。涨价预备费一般根据国家规定的投资综合价格为指数，以估算年份价格水平的投资额为基数，采用复利方法计算。计算公式为：

$$PF = \sum_{t=1}^{n} I_t \left[(1+f)^m (1+f)^{0.5} (1+f)^{t-1} - 1 \right] \qquad (2-51)$$

式中　PF——涨价预备费；

n——建设期年份数；

I_t——建设期中第 t 年的投资计划额，包括工程费用、工程建设其他费用及基本预备费，即第 t 年的静态投资；

f——年均投资价格上涨率；

m——建设前期年限（从编制估算到开工建设，单位：年）。

2. 建设期利息

建设期利息包括向国内银行及其他非银行的金融机构贷款、出口信贷、外国政府贷款、国际商业银行贷款，以及在境内外发行的债券等在建设期间应计的借款利息。

如果总贷款是分年均衡发放，建设期利息的计算可根据当年借款在年中支用考虑，即当年贷款按半年计息，上年贷款按全年计息。计算公式为：

$$q_j = \left(P_{j-1} + \frac{1}{2} A_j \right) i \qquad (2-52)$$

式中　q_j——建设期第 j 年应计利息；

P_{j-1}——建设期第 $(j-1)$ 年末累计贷款本金与利息之和；

A_j——建设期第 j 年贷款金额；

i——年利率。

在国外贷款利息的计算中，还应包括国外贷款银行按照贷款协议向贷款方以年利率的方式收取的手续费、管理费、承诺费，以及国内代理机构经国家主管部门批准的以年利率的方式向贷款单位收取的转贷费、担保费、管理费等。

第三章　电气工程定额计价

第一节　工程定额基础知识

一、定额的概念

在生产安装工程过程中，要完成某单位分部分项工程任务，就必须消耗一定的人工、材料和机械台班数量。因此，为了计量考核完成某分部分项工程消耗量和质量的标准而制定相应定额。所谓定额，是指安装施工企业在正常的施工条件下，完成某项工程任务，即生产单位数量合格产品所规定消耗的人工、材料和机械台班的数量标准，即规定的额度。

在安装工程定额中，既规定了完成单位数量工程项目所需要的人工、材料、机械台班的消耗量，又规定了完成该工程项目所包含的主要施工工序和工作内容，对全部施工过程都做了综合性的考虑。另外，定额具有针对性和权威性，属于完成单位工程数量的工程项目所需要的推荐性经济标准。在规定的适用范围经过必要的技术程序内也具有法令性。众所周知，不同的施工内容或产品都有不同的质量要求，因此定额不能被看成是单纯的数量标准关系，也就是说，除了规定定额的各种资源消耗的数量标准外，还具体规定了完成合格产品的规格、工作内容及质量标准和安全方面的要求等。所以，定额应被看成是质和量的统一体。经过考察，总体生产过程的各个生产因素，对于不同的定额、不同的适用范围确定不同的编制原则。所编制的定额应能总结出社会平均必须的数量标准，能反映一定时期内社会生产力的水平。

二、定额的作用

在工程建设和企业管理中，技术和经济管理工作中的重要一环就是确定和执行先进合理的定额。在工程项目的计划、设计和施工中，定额具有以下几方面的作用：

1) 定额是编制计划的基础。工程建设活动需要编制各种计划来组织与指导生产，而计划编制中又需要根据各种定额来计算人力、物力、财力等资源需要量。定额是编制计划的重要基础。

2) 定额是确定工程造价的依据和评价设计方案经济合理性的尺度。工程造价是依照设计规定的工程规模、工程数量及相应需要的劳动力、材料、机械设备消耗量及其他必须消耗的资金确定的。其中，劳动力、材料、机械设备的消耗量又是根据定额计算出来的，所以定额是确定工程造价的依据。同时，建设项目投资的大小又反映了各种不同设计方案技术经济水平的高低。因此，定额也是比较和评价设计方案经济合理性的尺度。

3）定额是组织和管理施工的工具。建筑企业要利用定额计算、平衡资源需要量、组织材料供应、调配劳动力、签发任务单、组织劳动竞赛、调动人的积极因素、考核工程消耗和劳动生产率、贯彻按劳分配工资制度、计算工人报酬等。因此，从组织施工和管理生产的角度来说，企业定额又是建筑企业组织和管理施工的工具。

4）定额是总结先进生产方法的手段。定额是在平均先进的条件下，通过对生产流程的观察、分析、综合等过程制定的，它可以最严格地反映出生产技术和劳动组织的先进合理程度。因此，我们就可以使用定额方法，对同一产品在同一操作条件下的不同的生产方法进行观察、分析和总结，从而得到一套比较完整的、优良的生产方法，作为范例在生产中广泛推广。

由此可见，定额是实现工程项目，确定人力、物力和财力等资源需要量，有计划地组织生产，提高劳动生产率，降低工程造价，完成和超额完成计划的重要的技术经济工具，是工程管理和企业管理的基础。

三、定额的性质

（1）定额具有法令性　定额的法令性是指定额是国家或其授权的主管部门组织编制的，经国家或授权机关颁发的定额就具有法律效力，在其执行范围内必须严格遵守和执行，不得随意修改或改动定额内容与水平，以保证全国或某一地区范围有一个统一的核算尺度，从而使比较、考核经济效果和进行监督管理具有统一的依据。值得一提的是，在社会主义市场经济条件下，对定额的法令性不应绝对化。随着我国工程造价管理制度的改革，将更多地体现出定额的指导性或参考性的作用，各企业可以按照市场的变化和自身情况，自主地调整本企业的决策行为，编制出更符合本企业情况和更具有竞争力的企业定额。

（2）定额具有科学性和先进性　无论是国家或某一地区颁布的定额，还是施工企业内部制定的定额，其各个工程项目定额的确定，一般要体现出已成熟推广采用的新工艺、新材料、新技术；推广采用先进的科学化的施工管理模式；推广采用先进的生产工艺流程和技术施工手段。因此定额所规定的人工、材料及施工机械台班消耗数量标准，是考虑在正常条件下，大多数施工企业经过努力能够达到的社会平均先进水平。这充分体现了定额的科学性和先进性，是在研究客观规律的基础上，用科学的态度制定定额，编制定额则采用可靠的数据和科学的方法；在制定定额的技术方法上，利用现代科学管理的成就，形成了一套有效的、完整的方法；在定额制定与贯彻方面，根据制定的定额贯彻执行定额，科学地贯彻执行定额又是为了实行管理的目标并实现对定额的信息反馈，为科学制定定额提供了基础数据资料。定额的先进性体现在定额水平的确定上，应能反映先进的生产经验和操作方法，并能从实际出发，综合各种有利与不利的因素，因而定额还具有先进性和合理性，可以更好地调动企业与工人的积极性，不断改善经营管理，加强对企业工程技术人员和工人的业务技术培训，改进施工方法，提高生产率，降低原材料和施工机械台班的消耗量，降低成本，取得更好的经济效益，创造更多的财富。

（3）定额具有相对稳定性和时效性　任何一种定额都是反映一定时期内社会生产力的发展水平，反应先进的生产技术、机械化程度、新材料和新工艺的应用水平。定额在某一时期内应是稳定的。保持定额的稳定性，是定额的法令性所必需的，同时也是更有效的执行定额所必需的。如果定额处于经常修改的变动状态中，势必造成执行中的困难与混乱。此外，因为定额的修改与编制是一项十分繁重的工作，它需要动用和组织大量的人力和物力，而且需要收集大量资料、数据，需要反复地研究、试验、论证等。这些工作需要的周期很长，所以也不可能经常性地修改定额。

但是，定额也不是长期不变的，因为随着科学技术的发展，新材料、新工艺和新技术的不断出现，必然影响定额的内容和数量标准产生。这就要求对原定额进行修改和补充，制定和颁发新定额。也就是说，定额的稳定性是相对的，任何一种定额仅能反应一定时期内的生产力水平。由于生产力的不断发展变化，当生产力向前发展了许多，定额水平就会与之不相适应，定额就无法再发挥其作用，此时就需要有更高水平的定额出现，以适应在新生产力水平下企业生产管理的需要。所以，定额又具有时效性。

（4）定额具有灵活性和统一性　安装工程定额的灵活性，主要是指在定额的执行上具有一定的灵活性。国家工程建设主管部门颁发的全国统一定额是按照全国生产力平均水平编制的，是综合性的定额。由于全国各地区科学技术和经济发展不平衡，国家允许省（直辖市、自治区）级工程建设主管部门，依照本地区的实际情况，以全国统一定额为基础制定地方定额，并以法令性文件颁发，在本地区范围内执行。因电气安装工程具有生产的特殊性和施工条件不统一的特点，使定额在统一规定的情况下又具有必要的灵活性，以适应我国幅员广大、各地情况复杂的实际情况，尤其是建筑行业引入国际竞争机制，建筑市场化，招标公开化，评标对投标企业进行综合数据指标化。所以，为使工程投标竞标成功，投标企业应参照工程实际和本单位的管理能力水平、施工技术力量、人力物力及财力情况，并对其他竞标单位进行考察比较，对定额作出必要的调整。另外，如果某工程项目在定额中缺项时，也允许套用定额中类似的项目或对相近定额进行调整、换算。如无相近项目，企业可以编制补充定额，但需经建设主管部门备案批准。由此可见，具有法令性的定额在某些情况下还具有较强的适应性和有限的灵活性。

定额的统一性，主要是由国家对经济发展有计划的宏观调控职能决定的。借助于定额，对生产进行组织、协调和控制，使国家经济能按照既定的目标发展，所以定额必须在全国或一定的区域范围内是统一的，只有这样，才能用一个统一的标准对决策与经济活动作出分析与评价。同时也提高了工程招标标底编制的透明度，使施工企业编制企业定额和工程投标报价有了统一的参考计价标准。

除此之外，定额的编制也要体现群众性，即群众是编制定额的参与者，也是定额的执行者。定额产生于生产和管理的实践中，又服务于生产，不仅要符合生产的需要，而且还必须要具有广泛的群众基础。

第二节　预算定额

一、预算定额的概念

预算定额，是规定消耗在合格质量的单位工程基本构造要素上的人工、材料和机械台班的数量标准，是计算建筑安装产品价格的基础。所谓基本构造要素，即通常所说的分项工程和结构构件。预算定额按工程基本构造要素规定人工、材料和机械的消耗数量，以满足编制施工图预算、规划和控制工程造价的要求。

预算定额是工程建设中的一项重要的技术经济文件，其各项指标，反映了在完成规定计量单位符合设计标准和施工质量验收规范要求的分项工程消耗的劳动和物化劳动的数量限度。这种限度最终决定单项工程和单位工程的成本和造价。

预算定额是由国家主管部门或其授权机关组织编制、审批并颁发执行的。在现阶段，预算定额是一种法令性指标，是对基本建设实行宏观调控和有效监督的重要工具。各地区、各基本建设部门都要严格执行，只有这样，才能保证全国的工程有一个统一的核算尺度，使国家对各地区、各部门工程设计、经济效果与施工管理水平进行统一的比较与核算。

预算定额根据表现形式可分为预算定额、单位估价表和单位估价汇总表三种。在现行预算定额中通常都列有基价，像这种既有定额人工、材料和施工机械台班消耗量，又有人工费、材料费、施工机械使用费和基价的预算定额，我们称它为"单位估价表"。这种预算定额可以满足企业管理中不同用途的需要，并可以根据基价计算工程费用，用途较广泛，是现行定额中的主要表现形式。单位估价汇总表简称为"单价"，它只表现"三费"即人工费、材料费和施工机械使用费及合计，因此可以大大减少定额的篇幅，为编制工程预算查阅单价带来方便。

预算定额可根据综合程度分为预算定额和综合预算定额。综合预算定额是在预算定额基础上，对预算定额项目的进一步综合扩大，使定额项目减少，更为简便适用，可以简化编制工程预算的计算过程。

二、预算定额的编制依据

1）现行劳动定额和施工定额。预算定额是以现行劳动定额和施工定额为基础编制的。预算定额中人工、材料、机械台班消耗数量，需要依照劳动定额或施工定额取定；选择预算定额的计量单位，也要以施工定额为参考，从而保证两者的协调和可比性，减轻预算定额的编制工作量，缩短编制时间。

2）现行设计规范、施工验收规范和安全操作规程。预算定额在确定人工、材料和机械台班消耗数量时，一定要考虑上述各项法规的要求和影响。

3）具有代表性的典型工程施工图及有关标准图。仔细分析研究这些图纸，并计算出工程数量，作为编制定额时选择施工方法、确定定额含量的依据。

4）新技术、新结构、新材料和先进的施工方法等。这类资料是调整定额水平和增加新的定额项目所必需的依据。

5）有关科学试验、技术测定和统计、经验资料。这类资料是确定定额水平的重要依据。

6）现行的预算定额、材料预算价格及相关文件规定等。包括过去定额编制过程中积累的基础资料，也是编制预算定额的依据和参考。

三、预算定额的编制步骤

预算定额的编制一般按以下步骤进行：

1. 准备阶段

在这个阶段，主要是参照收集到的有关资料和国家政策性文件，拟订编制方案，对编制过程中一些重大原则问题作出统一规定，包括：

1）定额项目和步距的划分要适当，分得过细会增加定额大量篇幅，而且增加以后编制预算的烦琐和麻烦，过粗则会使单位造价差异过大。

2）确定统一计量单位。定额项目的计量单位应能反映该分项工程的最终实物量的单位，同时注意要方便计算，定额只能根据大多数施工企业普遍采用的一种施工方法作为计算人工、材料、施工机械的基础。

3）确定机械化施工和工厂预制的程度。施工的机械化和工厂化是建筑安装工程技术提高的标志，同样保证工程质量要求不断提高。因此，必须依据现行的规范要求，选用先进的机械及扩大工厂预制程度，同时还要兼顾大多数企业现有的技术装备水平。

4）确定设备和材料的现场内水平运输距离和垂直运输高度，作为计算运输消耗量的基础。

5）确定主要材料损耗率。对影响造价大的辅助材料，例如电焊条，也编制出安装工程焊条消耗定额，作为各册安装定额计算焊条消耗量的基础定额。对各种材料要统一命名，对规格多的材料要确定各种规格所占比例，编制出规格综合价为计价提供方便，对主要材料要编制损耗率表。

6）确定工程量计算规则，统一计算口径。

其他需要确定的内容，如定额表形式，计算表达式、数字精确度、各种幅度差等。

2. 编制预算定额初稿，测算预算定额水平

（1）编制预算定额初稿　这一阶段，依据确定的定额项目和基础资料，进行反复分析和测算，编制出定额项目劳动力计算表、材料及机械台班计算表，并附注相关的计算说明，然后汇总编制预算定额项目表，即预算定额初稿。

（2）预算定额水平测算　新定额编制成稿，必须与原定额进行比较测算，分析水平升降原因。一般新编定额的水平应该略高于历史上已经达到过的水平。在定额水平测算前，必须编出同一工人工资、材料价格、机械台班费的新、旧两套定额的工程单价。定额水平的测算一般有以下两种方法：

1）单项定额水平测算：就是选择对工程造价影响较大的主要分项工程或结构构件人工、材料耗用量和机械台班使用量进行对比测算，分析提高或降低的原因，及时进行修订，以保证定额水平的合理性。方法有两种：一是和现行定额对比测算；二是和实际对比测算。

① 新编定额和现行定额直接对比测算。将新编定额与现行定额相同项目的人工、材料耗用量和机械台班的使用量直接分析对比，这种方法比较简单，但应注意新编和现行定额口径是否一致，并剔除影响可比的因素。

② 新编定额和实际水平对比测算。把新编定额拿到施工现场与实际工料消耗水平对比测算，征求有关人员意见，分析是否符合正常施工情况下的定额水平。采用这种方法，应注意实际消耗水平是否合理，对因施工管理不善而造成的工料、机械台班的浪费应予以剔除。

2）定额总水平测算：指测算因定额水平的提高或降低对工程造价的影响。测算方法是选择有代表性的单位工程，按新编和现行定额的人工、材料耗用量和机械台班使用量，用相同的工资单价、材料预算价格、机械台班单价分别编制两份工程预算，按工程直接费进行比较分析，测算出定额水平提

高或降低比率，并分析其原因。采用这种测算方法，一是要正确选择常用的、有代表性的工程；二是要依据国家统计资料和基本建设计划，正确确定各类工程的比重，作为测算依据。定额总水平测算，工作量大，计算复杂，但因综合因素多，能够全面反映定额的水平。所以，在定额编出后，应进行定额总水平测算，考核定额水平和编制质量。测算定额总水平后，还要按照测算情况，分析定额水平的升降原因。影响定额水平的因素很多，主要应分析其对定额的影响；施工规范变更的影响；修改现行定额误差的影响；改变施工方法的影响；调整材料损耗率的影响；材料规格变化的影响；调整劳动定额水平的影响；机械台班使用量和台班费变化的影响；其他材料费用变化的影响；调整人工工资标准、材料价格的影响；其他因素的影响等，并测算出各种因素影响的比率，分析其合理性。

同时，还要进行施工现场水平比较：即将上述测算水平进行比较分析，其分析对比的内容包括：规范变更的影响；施工方法改变的影响；材料损耗率调整的影响；材料规格对造价的影响；其他材料费用变化的影响；劳动定额水平变化的影响；机械台班定额和台班预算价格变化的影响；由于定额项目变更对工程量计算的影响等。

3. 修改定稿、整理资料阶段

(1) 印发征求意见　定额编制初稿完成后，需要征求各有关方面意见与组织讨论，反馈意见。以统一意见作为基础整理分类，制定修改方案。

(2) 修改整理报批　根据修改方案的决定，将初稿依照定额酌顺序进行修改，并经审核无误后形成报批稿，经批准后交付印刷。

(3) 撰写编制说明　为顺利地贯彻执行定额，需要为新定额撰写编制说明。其内容包括：项目、子目数量；人工、材料、机械的内容范围；资料的依据和综合取定情况；定额中允许换算和不允许换算规定的计算资料；工人、材料、机械单价的计算和资料；施工方法、工艺的选择及材料运距的考虑；各种材料损耗率的取定资料；调整系数的使用；其他应该说明的事项与计算数据、资料。

(4) 立档、成卷　定额编制资料是贯彻执行定额中需查对资料的唯一依据，也为修编定额提供历史资料数据，应作为技术档案永久保存。

四、预算定额的编制方法

1. 预算定额编制中的主要工作

(1) 定额项目的划分　建筑产品结构复杂，形体庞大，所以要对整个产品来计价是不可能的。但可依照不同部位、不同消耗或不同构件，将庞大的建筑产品分解成多个不同的较为简单、适当的计量单位（称为"分部分项工程"）作为计算工程量的基本构造要素。以此为基础编制预算定额项目，确定定额项目时要求：

1）便于确定单位估价表。

2）便于编制施工图预算。

3）便于进行计划、统计和成本核算工作。

（2）工程内容的确定　定额子目中人工、材料消耗量和机械台班消耗量是直接由工程内容确定的，所以，工程内容范围的规定是十分重要的。

（3）确定预算定额的计量单位　预算定额与施工定额计量单位通常不同。施工定额的计量单位一般根据工序或施工过程确定；而预算定额的计量单位主要是按照分部分项工程和结构构件的形体特征及其变化确定。因为工作内容综合，预算定额的计量单位也具有综合的性质。工程量计算规则的规定应确切反映定额项目所包含的工作内容。

预算定额的计量单位关系到预算工作的繁简和准确性。所以，一般依据以下建筑结构构件形状的特点正确地确定各分部分项工程的计量单位。

1）凡物体的截面有一定的形状和大小，但有长度不同时（如管道、电缆、导线等分项工程），应当以"延长米"为计量单位。

2）当物体有一定的厚度，而面积不定时（如通风管、油漆、防腐等分项工程），应当以"平方米"作为计量单位。

3）如果物体的长、宽、高都变化不定时（如土方、保温等分项工程），应当以"m³"为计量单位。

4）有的分项工程虽然相同体积、面积，但质量和价格差异很大，或者是不规则或难以度量的实体（如金属结构、非标准设备制作等分项工程），应当以质量作为计量单位。

5）凡物体无一定规格，而其构造又较复杂时，可采用自然单位（如阀门、机械设备、灯具、仪表等分项工程），一般以"个""台""套""件"等作为计量单位。

6）定额项目中工料计量单位及小数位数的取定：

① 计量单位：按法定计量单位取定：

a. 长度：mm、cm、m、km。

b. 面积：mm²、cm²、m²。

c. 体积和容积：cm³、m³。

d. 质量：kg、t。

② 数值单位与小数位数的取定：

a. 人工：以"工日"为单位，取两位小数。

b. 主要材料及半成品：木材以"m³"为单位取小数点后三位；钢板、型钢以"t"为单位，取小数点后三位；管材以"m"为单位，取小数点后两位；

通风管用薄钢板以 "m²" 为单位，导线、电缆以 "m" 为单位，水泥以 "kg" 为单位，砂浆、混凝土以 "m³" 为单位等。

  c. 单价以 "元" 为单位，取小数点后两位。

  d. 其他材料费以 "元" 表示，取小数点后两位。

  e. 施工机械以 "台班" 为单位，取小数点后两位。

  定额单位确定之后，往往会出现人工、材料或机械台班量很小，即小数点后好几位。为了减少小数位数和提高预算定额的准确性，采取扩大单位的办法，把 1m³、1m²、1m 扩大 10、100、1000 倍。这样，相应的消耗量也加大了倍数，取一定的小数位后四舍五入，可达到相对的准确性。

  （4）确定施工方法 编制预算定额所取定的施工方法，必须选用正常的、合理的施工方法用以确定各专业的工程和施工机械。

  （5）确定预算定额中人工、材料、施工机械消耗量 确定预算定额人工、材料、机械台班消耗指标时，必须先按施工定额的分项逐项计算出消耗指标，然后，再按预算定额的项目加以综合。但是，这种综合不是简单的合并和相加，而需要在综合过程中增加两种定额之间的适当的水平差。预算定额的水平，首先取决于这些消耗量的合理确定。

  人工、材料和机械台班消耗量指标，应根据定额编制原则和要求，采用理论与实际相结合、图纸计算与施工现场测算相结合、编制人员与现场工作人员相结合等方法进行计算和确定，使定额既符合政策要求，又与客观情况一致，便于贯彻执行。

  （6）编制定额表和拟定有关说明 定额项目表的一般格式是：行排列为各分项工程的项目名称，列排列为分项工程的人工、材料和施工机械消耗量指标。有的项目表下部还有附注用来说明设计有特殊要求时，怎样进行调整和换算。

  预算定额的主要内容包括：目录，总说明，各章、节说明，定额表及有关附录等。

  1）总说明。主要说明编制预算定额的指导思想、编制原则、编制依据，适用范围以及编制预算定额时有关共性问题的处理意见和定额的使用方法等。

  2）各章、节说明。各章、节说明主要包括下述内容：

  ① 编制各分部定额的依据。

  ② 项目划分和定额项目步距的确定原则。

  ③ 施工方法的确定。

  ④ 定额活口及换算的说明。

  ⑤ 选用材料的规格和技术指标。

  ⑥ 材料、设备场内水平运输和垂直运输主要材料损耗率的确定。

⑦ 人工、材料、施工机械台班消耗定额的确定原则及计算方法。

3）工程量计算规则及方法。

4）定额项目表。主要包括该项定额的人工、材料、施工机械台班消耗量和附注信息。

5）附录。一般列出主要材料取定价格表、施工机械台班单价表，其他有关折算、换算表等。

2. 人工工日消耗量的确定

预算定额中人工工日消耗量是指在正常施工生产条件下，生产单位合格产品必需消耗的人工工日数量，其组成包括：分项工程所综合的各个工序劳动定额包括的基本用工、其他用工及劳动定额与预算定额工日消耗量的幅度差三部分。

（1）基本用工　基本用工指完成单位合格产品所必需消耗的技术工种用工。其组成包括：

1）完成定额计量单位的主要用工。按综合取定的工程量和相应劳动定额计算。计算公式如下：

$$基本用工 = \sum(综合取定的工程量 \times 劳动定额) \qquad (3-1)$$

例如，工程实际中的砖基础，有一砖厚、一砖半厚、二砖厚之分，用工各不相同，在预算定额中因为不考虑厚度，需要按统计的比例，加权平均（即上述公式中的综合取定）得出用工。

2）按劳动定额规定应增加计算的用工量。如砖基础埋深超过1.5m，超过部分要增加用工，预算定额中应按一定比例给予增加。又如砖墙项目要增加附墙烟囱孔、垃圾道、壁橱等零星组合部分的加工等。

3）由于预算定额是以劳动定额子目综合扩大的，包括的工作内容较多，施工的工效视具体部位不同，需要另外增加用工，列入基本用工内。

（2）其他用工　预算定额内的其他用工，包括材料超距运输用工和辅助工作用工。

1）材料超运距用工，指预算定额取定的材料、半成品等运距，超过劳动定额规定的运距应增加的工日。其用工量按照超运距（预算定额取定的运距减去劳动定额取定的运距）和劳动定额计算。计算公式如下：

$$超运距用工 = \sum(超运距材料数量 \times 时间定额) \qquad (3-2)$$

2）辅助工作用工。指劳动定额中未包括的各种辅助工序用工，如材料的零星加工用工、土建工程的筛砂子、淋石灰膏、洗石子等增加的用工量。辅助工作用工量一般以加工的材料数量与时间定额相乘计算。

（3）人工幅度差　人工幅度差是指预算定额对在劳动定额规定的用工范围内没有包括，而在通常一般情况下又不可免掉的一些零星用工，常以百分率计算。一般在确定预算定额用工量时，依据基本用工、超运距用工、辅助工作用工之和的 10％～15％范围内取定。其计算公式为：

$$人工幅度差(工日)＝(基本用工＋超运距用工＋辅助用工)×$$
$$人工幅度差百分率 \qquad (3-3)$$

人工幅度差的主要因素：

1）在正常施工情况下，土建或安装各工种工程之间的工序搭接及土建与安装工程之间的交叉配合所需停歇的时间。

2）现场内施工机械的临时维修、小修，在单位工程之间移动位置及临时水电线路在施工过程中移动所发生的不可避免的工人操作间歇时间。

3）因工程质量检查及隐蔽工程验收而影响工人的操作时间。

4）现场内单位工程之间操作地点转移而影响工人的操作时间。

5）施工过程中，交叉作业造成不可避免的产品损坏所修补需要的用工。

6）难以预计的细小工序和少量零星用工。

在组织编制或修订预算定额时，若劳动定额的水平已经不能适应编修期、生产技术和劳动效率情况，而又来不及修订劳动定额时，可以按照编修期的生产技术与施工管理水平，以及劳动效率的实际情况，确定一个统一的调整系数，提供给计算人工消耗指标时使用。

3. 材料消耗量计算

预算定额中的材料消耗量是在合理和节约使用材料的情况下，生产单位假定建筑安装产品（即分部分项工程或结构件）必须消耗的一定品种规格的材料、半成品、构配件等的数量标准。材料消耗量按用途可以划分为以下几种：

(1) 预算定额中的主要材料消耗量　通常以施工定额中材料消耗定额为基础综合而得，也可通过计算分析法求出。

材料损耗量等于材料净用量与相应的材料损耗率相乘。损耗量的内容包括：由工地仓库（堆放地点）到操作地点的运输损耗，操作地点的堆放损耗和操作损耗。损耗量不包括场外运输损耗及储存损耗，这两者已包括在材料预算价格内。

(2) 预算定额中次要材料消耗量　对工程中用量不多，价值不大的材料，可采用估算的方法，合并为一个"其他材料费"项目，用"元"表示。

(3) 周转材料消耗量的确定　周转性材料是指在施工过程中多次使用、周转的工具性材料，如模板、脚手架、挡土板等，预算定额中的周转材料是依照多次使用，分次摊销的方法进行计算的。

(4) 其他材料的确定　其他材料指用量较少、难以计量的零星材料。如棉纱，编号用的油漆等。

材料消耗量计算方法主要有以下几种。

1）凡有标准规格的材料，根据规范要求计算定额计量单位的耗用量，如砖、防水卷材、块料面层等。

2）所有设计图纸标注尺寸及下料要求的按设计图纸尺寸计算材料净用量。如门窗制作用材料，方、板料等。

3）换算法。各种胶结、涂料等材料的配合比用料，可以按照要求条件换算，得出材料用量。

4）测定法。包括试验室试验法和现场观察法。指各种强度等级的混凝土及砌筑砂浆配合比的耗用原材料数量的计算，需依照规范要求试配，经过试压合格以后并经过必要的调整得出的水泥、砂子、石子、水的用量。对新材料、新结构又不能用其他方法计算定额消耗用量时，需用现场测定方法来确定。根据不同的情况可以采用写实记录法和观察法，得出定额的消耗量。

材料损耗量，指在正常条件下不可避免的材料损耗，如果现场内材料运输及施工操作过程中的损耗等。其关系式如下：

$$材料损耗率＝损耗量/净用量×100\% \qquad (3-4)$$

$$材料损耗量＝材料净用量×损耗率 \qquad (3-5)$$

$$材料消耗量＝材料净用量＋损耗量 \qquad (3-6)$$

或 $$材料消耗量＝材料净用量×（1＋损耗率） \qquad (3-7)$$

其他材料的确定一般根据工艺测算并在定额项目材料计算表内列出名称、数量，并依据编制期价格以其他材料占主要材料的比率计算，列在定额材料栏之下，定额内可不列出的材料名称及消耗量。

4. 机械台班消耗量的计算

预算定额中的机械台班消耗量是指在正常施工情况下，生产单位合格产品（分部分项工程或结构件）必需消耗的某类某种型号施工机械的台班数量。它由分项工程综合的相关工序劳动定额确定的机械台班消耗量及劳动定额与预算定额的机械台班幅度差组成。

垂直运输机械依工期定额分别测算台班数量，以台班/100m² 建筑面积表示。

确定预算定额中的机械台班消耗量指标，应根据《全国统一建筑安装工程劳动定额》中各种机械施工项目所规定的台班产量加机械幅度差进行计算。如果按实际需要计算机械台班消耗量，不应再增加机械幅度差。

机械幅度差是指在劳动定额（机械台班量）中不曾包括的、而机械在合理的施工组织条件下所必需的停歇时间，在编制预算定额时，应予以考虑。其内容包括：

1）施工机械转移工作面及配套机械相互影响损失的时间。

2）在正常的施工情况下，机械施工中不可避免的工序间歇。

3）检查工程质量影响机械操作的时间。

4）临时水、电线路在施工中发生位置移动所需的机械停歇时间。

5）工程结尾时，工作量不饱满所损失的时间。

机械幅度差系数一般按照测定和统计资料取定。大型机械幅度差系数为：土方机械 1.25，打桩机械 1.33，吊装机械 1.3，其他均按统一规定的系数计算。

因为垂直运输用的塔吊、卷扬机及砂浆、混凝土搅拌机是按小组配合，应以小组产量计算机械台班数量，不额外增加机械幅度差。

综上所述，预算定额的机械台班消耗量按以下公式计算：

预算定额机械耗用台班＝施工定额机械耗用台班×（1＋机械幅度差系数）

$$(3-8)$$

占比重不大的零星小型机械根据劳动定额小组成员计算出机械台班使用数量，以"机械费"或"其他机械费"表示，不再列台班数量。

五、单位估价表

单位估价表又称"工程预算单价表"，是以货币形式确定定额计量单位某分部分项工程或结构构件直接费用的文件。它是按照预算定额所确定的人工、材料和机械台班消耗量，乘以人工工资单价、材料预算价格和机械台班预算价格汇总而成。

单位估价表是预算定额在各地区的价格表现的具体形式。

1. 单位估价表的作用

1）单位估价表是确定工程预算造价的基本依据之一，即按设计图纸计算出分项工程量后，分别与相应的定额单价（单位估价表）相乘得出分项直接费，汇总各分部分项直接费，依照规定计取各项费用，即得出单位工程的全部预算造价。

2）单位估价表是对设计方案进行技术经济分析的基础资料，即每个分项工程，如各种墙体、地面、装修等，同部位选择什么设计方案，除考虑生产、功能、坚固、美观等条件外，还必须考虑经济条件。这就需要采用单位估价表进行衡量、比较，在同等条件下当然要选择一种经济合理的方案。

3）单位估价表是进行已完工程结算的依据，即建设单位和施工企业，按单位估价表核对已完工程的单价是否正确，便于进行分部分项工程结算。

4）单位估价表是施工企业进行经济分析的依据，即企业为了考核成本执行情况，必须根据单位估价表中所定的单价和实际成本相比较。通过对两者的比较，算出降低成本的多少并找出降低原因。

总而言之，单位估价表的作用很大，合理地确定单价，正确使用单位估价表，是准确确定工程造价，促进企业加强经济核算、提高投资效益的重要环节。

2. 单位估价表的分类

单位估价表是在预算定额的基础上编制的。因定额种类繁多，如按工程定额性质、使用范围及编制依据不同可划分如下：

(1) 按定额性质划分

1) 建筑工程单位估价表，适用于一般建筑工程。

2) 设备安装工程单位估价表，适用于机械、电气设备安装工程、给水排水工程、电气照明工程、采暖工程、通风工程等。

(2) 按使用范围划分

1) 全国统一定额单位估价表，适用于各地区、各部门的建筑及设备安装工程。

2) 地区单位估价表，是以地方统一预算定额为基础，按本地区的工资标准、地区材料预算价格、建筑机械台班费用及本地区建设的需要而编制的。只在本地区范围内使用。

3) 专业工程单位估价表，仅适用于专业工程的建筑及设备安装工程的单位估价表。

(3) 按不同编制依据划分

按编制依据分为定额单位估价表和补充单位估价表。

补充单位估价表，是指定额缺项，没有相应项目可使用时，可依照定额单位估价表的编制原则，按设计图纸资料，制定补充单位估价表。

第三节　施工定额

一、施工定额概述

施工定额是将同一施工过程或工序为测定对象，确定建筑安装工人在正常的施工条件下，为完成一定计量单位的某一施工过程或工序所需人工、材料和机械台班等消耗的数量标准。施工定额是建筑安装施工企业进行科学管理的基础，是编制施工预算实行内部经济核算的依据，是一种企业内部使用的定额。

施工定额的作用：为施工企业编制施工预算，进行工料分析和两算对比；编制施工组织设计、施工作业计划和确定人工、材料及机械需要计划；施工队向工人班（组）签发施工任务单，限额领料；组织工人班（组）开展劳动竞赛、经济核算。也是实行承发包、计取劳动报酬和奖励等工作的依据。另外、编制预算定额是以它为基础。

通常,施工定额是由三部分组成:劳动定额、材料消耗定额和机械台班使用定额。

二、劳动定额

1. 劳动定额的概念与作用

(1) 劳动定额的概念 劳动定额又称"人工定额",是建筑安装工人在正常的施工(生产)条件下,在一定的生产技术和生产组织条件下,在平均先进水平的基础上制定的。它表明每个建筑安装工人生产单位合格产品所必需消耗的劳动时间,或在单位时间内所生产的合格产品的数量。

(2) 劳动定额的作用 主要表现在组织生产和按劳分配两个方面。通常,两者是相辅相成的,即生产决定分配,分配促进生产。当前对企业基层推行的各种形式的经济责任制的分配形式,全都是以劳动定额作为核算基础的。

2. 劳动定额的编制

(1) 分析基础资料,拟订编制方案

1) 影响工时消耗因素的确定。

① 技术因素:包括完成产品的类别;材料、构配件的种类和型号等级;机械和机具的种类、型号和尺寸;产品质量等。

② 组织因素:包括操作方法和施工的管理与组织;工作地点的组织;人员组成和分工;工资与奖励制度;原材料和构配件的质量及供应的组织;气候条件等。

2) 计时观察资料的整理。对每次计时观察的资料进行整理之后,要对整个施工过程的观察资料进行系统的分析、研究和整理。

整理观察资料的方法一般采用平均修正法。它是一种在对测时数列进行修正的基础上求出平均值的方法。修正测时数列,就是剔除或修正那些偏高或偏低的可疑数值。目的是保证不受偶然性因素的影响。

若测时数列受到产品数量的影响,则采用加权平均值。因为采用加权平均值,可在计算单位产品工时消耗时,考虑到每次观察中产品数量变化的影响,进而使我们能获得可靠的值。

3) 日常积累资料的整理和分析。日常积累的资料主要有四类:

① 现行定额的执行情况及存在问题的资料。

② 企业和现场补充定额资料,例如因现行定额漏项而编制的补充定额资料,因解决采用新技术、新结构、新材料和新机械而产生的定额缺项所编制的补充定额资料。

③ 已采用的新工艺和新的操作方法的资料。

④ 现行的施工技术规范、操作规程、安全规程和质量标准等。

4) 拟订定额的编制方案。编制方案的内容如下:

① 提出对拟编定额的定额水平总的设想。

② 拟订定额分章、分节、分项的目录。

③ 选择产品和人工、材料、机械的计量单位。

④ 设计定额表格的形式和内容。

（2）确定正常的施工条件

1）拟订工作地点的组织。拟订工作地点的组织时，要特别注意使人在操作时不受妨碍，所使用的工具和材料应按使用顺序放置于工人最便于取用的地方，以减少疲劳和提高工作效率，工作地点应保持清洁和秩序井然。

2）拟订工作组成。拟定工作组成就是将工作过程按照劳动分工的可能划分为若干工序，以达到合理使用技术工人的目的。可以采用以下两种基本方法：

① 把工作过程中简单的工序，划分给技术熟练程度较低的工人去完成。

② 分出若干个技术程度较低的工人，去帮助技术程度较高的工人工作。采用这种方法，就把个人完成的工作过程变成小组完成的工作过程。

3）拟订施工人员编制。拟订施工人员编制，即确定小组人数、技术工人的配备，以及劳动的分工和协作。原则是使每个工人都能充分发挥作用，均衡地担负工作。

（3）确定劳动定额消耗量的方法　时间定额是在拟定基本工作时间、辅助工作时间、不可避免中断时间、准备与结束的工作时间及休息时间的基础上制定的。

1）拟订基本工作时间。基本工作时间在必需消耗的工作时间中占的比重最大。在确定基本工作时间时，必须细致、精确。基本工作时间消耗一般应根据计时观察资料来确定。首先确定工作过程每一组成部分的工时消耗，然后再综合出工作过程的工时消耗。若组成部分的产品计量单位和工作过程的产品计量单位不符，就需先求出不同计量单位的换算系数，进行产品计量单位的换算，然后再相加，求得工作过程的工时消耗。

2）拟订辅助工作时间和准备与结束工作时间。辅助工作和准备与结束工作时间的确定方法与基本工作时间相同。但是，若这两项工作时间在整个工作班工作时间消耗中所占比重不超过 5%，则可归纳为一项，以工作过程的计量单位表示，确定出工作过程的工时消耗。

若在计时观察时不能取得足够的资料，也可采用工时规范或经验数据来确定。若具有现行的工时规范，可以直接利用工时规范中规定的辅助和准备与结束工作时间的百分比来计算。

3）拟订不可避免的中断时间。在确定不可避免中断时间的定额时，必须注意只有由工艺特点所引起的不可避免中断才可列入工作过程的时间定额。

不可避免中断时间也需要根据测时资料通过整理分析获得，也可以根据经验数据或工时规范，以占工作日的百分比表示此项工时消耗的时间定额。

4）拟订休息时间。休息时间应根据工作班作息制度、经验资料、计时观察资料，以及对工作的疲劳程度做全面分析来确定。同时，应考虑尽可能利用不可避免中断时间作为休息时间。

从事不同工作的工人，疲劳程度有很大差别。为了合理确定休息时间，通常要对从事各种工作的工人进行观察、测定，以及进行生理和心理方面的测试，以便确定其疲劳程度。国内外一般按工作轻重和工作条件好坏，将各种工作划分为不同的级别。例如我国某地区工时规范将体力劳动分为六类，见表3-1。划分出疲劳程度的等级，就可以合理规定休息需要的时间。

表3-1 休息时间占工作日的比重

疲劳程度	轻便	较轻	中等	较重	沉重	最沉重
等级	1	2	3	4	5	6
占工作日比重（%）	4.16	6.25	8.33	11.45	16.7	22.9

5）拟订定额时间。确定的基本工作时间、辅助工作时间、准备与结束工作时间、不可避免中断时间和休息时间之和，就是劳动定额的时间定额。时间定额和产量定额互成倒数。

利用工时规范，可以计算劳动定额的时间定额。计算公式如下：

$$作业时间＝基本工作时间＋辅助工作时间 \quad (3-9)$$

$$规范时间＝准备与结束工作时间＋不可避免的中断时间＋休息时间 \quad (3-10)$$

$$工序作业时间＝基本工作时间＋辅助工作时间$$
$$＝基本工作时间/[1－辅助时间] \quad (3-11)$$

$$定额时间＝\frac{作业时间}{1－规范时间} \quad (3-12)$$

三、材料消耗定额

1. 材料消耗定额的概念与组成

（1）材料消耗定额的概念 材料消耗定额是在正常的施工条件下，在节约和合理使用材料的情况下，生产单位合格产品所必须消耗的一定品种、规格的材料、半成品、配件等的数量标准。

材料消耗定额是编制材料需要量计划、运输计划、供应计划、计算仓库面积、签发限额领料单和经济核算的根据。制定合理的材料消耗定额，是组织材料的正常供应，保证生产顺利进行，合理利用资源，减少积压、浪费的必要前提。

（2）施工中材料消耗的组成 施工中材料的消耗，可分为必须的材料消耗和损失的材料两类性质。

必需材料的消耗，是在合理用料的条件下，生产合格产品所需消耗的材料。它包括：直接用于建筑和安装工程的材料；不可避免的施工废料；不可避免的材料损耗。

必需材料的消耗属于施工正常消耗，是确定材料消耗定额的基本数据。其中：直接用于建筑和安装工程的材料，编制材料净用量定额；不可避免的施工废料和材料损耗，编制材料损耗定额。

材料各种类型的损耗量之和称为"材料损耗量"，除去损耗量之后净用于工程实体上的数量称为"材料净用量"，材料净用量与材料损耗量之和称为"材料总消耗量"，损耗量与总消耗量之比称为"材料损耗率"，总消耗量、损耗率的计算公式如下：

$$总消耗量 = \frac{净用量}{1-损耗率} \tag{3-13}$$

$$总消耗量 = 净用量 \times (1+损耗率') \tag{3-14}$$

$$损耗率' = \frac{损耗量}{净用量} \times 100\% \tag{3-15}$$

2. 材料消耗定额的制定方法

材料消耗定额必须在充分研究材料消耗规律的基础上制定。科学的材料消耗定额应当是材料消耗规律的正确反映。材料消耗定额是通过施工生产过程中对材料消耗进行观测、试验及根据技术资料的统计与计算等方法制定的。

（1）观测法 观测法也称"现场测定法"，是在合理使用材料的条件下，在施工现场按一定程序对完成合格产品的材料耗用量进行测定，通过分析、整理，最后得出一定的施工过程单位产品的材料消耗定额。

利用现场测定法主要是编制材料损耗定额，也可以提供编制材料净用量定额的数据。其优点是能通过现场观察、测定，取得产品产量和材料消耗的情况，为编制材料定额提供技术根据。

在观测前要充分做好准备工作，例如选用标准的运输工具和衡量工具，采取减少材料损耗措施等。观测法的首要任务是选择典型的工程项目，其施工技术、组织及产品质量，均要符合技术规范的要求；材料的品种、型号、质量也应符合设计要求；产品检验合格，操作工人能合理使用材料和保证产品质量。观测的结果，要取得材料消耗的数量和产品数量的数据资料。

观测法是在现场实际施工中进行的。观测法能发现一些问题，也能消除一部分消耗材料不合理的浪费因素。但是，用这种方法制定材料消耗定额，由于受到一定的生产技术条件和观测人员的水平等限制，仍然不能完全揭露所消耗材料的不合理因素。同时，也有可能把生产和管理工作中的某些与消耗材料有关的缺点保存下来。

对观测取得的数据资料要进行分析研究，以制定出在一般情况下都可以达到的材料消耗定额。

(2) 试验法　试验法是在材料试验室中进行试验和测定数据。例如，以各种原材料为变量因素，求得不同强度等级混凝土的配合比，进而计算出每立方米混凝土的各种材料耗用量。

利用试验法，主要是编制材料净用量定额。通过试验，能够对材料的结构、化学成分和物理性能，以及按强度等级控制的混凝土、砂浆配比作出科学的结论，为编制材料消耗定额提供有技术根据的、比较精确的计算数据。试验室试验必须符合国家有关标准规范，计量要使用标准容器和称量设备，质量要符合施工与验收规范要求，以保证获得可靠的定额编制依据。

但是，试验法不能取得在施工现场实际条件下，由于各种客观因素对材料耗用量影响的实际数据。

(3) 统计法　统计法是通过对现场进料、用料的大量统计资料进行分析计算，获得材料消耗的数据。该方法由于不能分清材料消耗的性质，所以，不能作为确定材料净用量定额和材料损耗定额的精确依据。

对积累的各分部分项工程结算的产品所耗用材料的统计分析，是根据各分部分项工程拨付材料数量、剩余材料数量及总共完成产品数量来进行计算。

采用统计法，必须要保证统计和测算的耗用材料和相应产品一致。在施工现场中的某些材料，通常难以区分用在各个不同部位上的准确数量。所以，要有意识地加以区分，才能得到有效的统计数据。

用统计法制定材料消耗定额一般采取以下两种方法：

1) 经验估算法：指以有关人员的经验或以往同类产品的材料实耗统计资料为依据，通过研究分析并考虑有关影响因素的基础上制定材料消耗定额的方法。

2) 统计法：这是对某一确定的单位工程拨付一定的材料，待工程完工后，根据已完产品数量和领退材料的数量进行统计和计算的一种方法。其优点是不需要专门人员测定和实验。由统计得到的定额有一定的参考价值，但其准确程度较差，应对其分析研究后才能采用。

(4) 理论计算法　理论计算法是根据施工图，运用一定的数学公式，直接计算材料耗用量。计算法只能计算出单位产品的材料净用量，材料的损耗量仍要在现场通过实测取得。采用该方法必须对工程结构、图纸要求、材料特性和规格、施工及验收规范、施工方法等先进行了解和研究。计算法适合于不易产生损耗，且容易确定废料的材料，例如木材、钢材、砖瓦、预制构件等材料。因为这些材料根据施工图纸和技术资料从理论上都可以计算出来，不可避免的损耗也有一定的规律可寻。

3. 周转性材料消耗量的计算

在编制材料消耗定额时，某些工序定额、单项定额和综合定额中涉及周转材料的确定和计算。例如劳动定额中的架子工程和模板工程等。

周转性材料在施工过程中不属于通常的一次性消耗材料，而是可多次周转使用，经过修理、补充才逐渐消耗尽的材料。例如模板、钢板桩、脚手架等，实际上它也是作为一种施工工具和措施。在编制材料消耗定额时，应按多次使用、分次摊销的办法确定。

周转性材料消耗的定额量是每使用一次摊销的数量，其计算必须考虑一次使用量、周转使用量、回收价值和摊销量之间的关系。

四、机械台班使用定额

1. 机械台班使用定额的概念和表现形式

（1）机械台班使用定额的概念　机械台班使用定额是在正常施工条件下，合理的劳动组合和使用机械，完成单位合格产品或某项工作所必需的机械工作时间，包括准备与结束时间、基本工作时间、辅助工作时间、不可避免的中断时间，以及使用机械的工人生理需要与休息时间。

（2）机械台班使用定额的表现形式　机械台班使用定额的形式按其表现形式不同，可分为时间定额和产量定额。

1）机械时间定额：指在合理劳动组织与合理使用机械条件下，完成单位合格产品所必需的工作时间，包括有效工作时间（正常负荷下的工作时间和降低负荷下的工作时间）、不可避免的中断时间、不可避免的无负荷工作时间。机械时间定额以"台班"表示，即一台机械工作一个作业班时间（8h）。

$$单位产品机械时间定额(台班) = \frac{1}{台班产量} \qquad (3-16)$$

由于机械必须由工人小组配合，所以单位产品人工时间定额计算公式如下：

$$单位产品人工时间定额(工日) = \frac{小组成员总人数}{台班产量} \qquad (3-17)$$

2）机械产量定额：指在合理劳动组织与合理使用机械条件下，机械在每个台班时间内应完成合格产品的数量。机械时间定额和机械产量定额互为倒数。

复式表示法有如下形式：

$$\frac{人工时间定额}{机械台班产量} 或 \frac{人工时间定额}{机械台班产量} \Big| 台班车次 \qquad (3-18)$$

2. 机械台班使用定额的编制

(1) 确定正常的施工条件 拟定机械工作正常条件，主要是拟定工作地点的合理组织和合理的工人编制。

工作地点的合理组织，就是对施工地点机械和材料的放置位置、工人从事操作的场所，作出科学合理的平面布置和空间安排。它要求施工机械和操纵机械的工人在最小范围内移动，但是又不阻碍机械运转和工人操作；应使机械的开关和操纵装置尽可能集中地装置在操纵工人的近旁，以节省工作时间和减轻劳动强度；应最大限度发挥机械的效能，减少工人的手工操作。

拟定合理的工人编制，就是根据施工机械的性能和设计能力，工人的专业分工和劳动工效，合理确定操纵机械的工人和直接参加机械化施工过程的工人的编制人数。它要求保持机械的正常生产率和工人正常的劳动工效。

(2) 确定机械纯工作 1h 正常生产率 确定机械正常生产率时，首先必须确定出机械纯工作 1h 的正常生产率。

机械纯工作时间是机械的必需消耗时间。机械纯工作 1h 正常生产率，是在正常施工条件下，具有必需的知识和技能的工人操纵机械 1h 的生产率。

根据机械工作特点的不同，机械纯工作 1h 正常生产率的确定方法，也有所不同。对于循环动作机械，确定机械纯工作 1h 正常生产率的计算公式如下：

$$\text{机械一次循环的正常延续时间} = \sum\left(\text{循环各组成部分正常延续时间}\right) - \text{交叠时间} \qquad (3-19)$$

$$\frac{\text{机械纯工作 1h}}{\text{循环次数}} = \frac{60\times60(\text{s})}{\text{一次循环的正常延续时间}} \qquad (3-20)$$

$$\text{机械纯工作 1h 正常生产率} = \text{机械纯工作 1h 正常循环次数} \times \text{一次循环生产的产品数量} \qquad (3-21)$$

对于连续动作机械，确定机械纯工作 1h 正常生产率要根据机械的类型和结构特征，以及工作过程的特点来进行。计算公式如下：

$$\text{连续动作机械纯工作 1h 正常生产率} = \frac{\text{工作时间内生产的产品数量}}{\text{工作时间(h)}}$$

$$(3-22)$$

工作时间内的产品数量和工作时间的消耗，要通过多次现场观察和机械说明书来取得。

对于同一机械进行作业属于不同的工作过程，例如挖掘机所挖土壤的类别不同，碎石机所破碎的石块硬度和粒径不同，应分别确定其纯工作 1h 的正常生产率。

(3) 确定施工机械的正常利用系数 它是机械在工作班内对工作时间的

利用率。机械的利用系数和机械在工作班内的工作状况有着密切的关系。所以，要确定机械的正常利用系数。首先要拟定机械工作班的正常工作状况，保证合理利用工时。

确定机械正常利用系数，要计算工作班正常状况下准备与结束工作，机械启动、机械维护等工作所必须消耗的时间，以及机械有效工作的开始与结束时间。从而计算出机械在工作班内的纯工作时间和机械正常利用系数。机械正常利用系数的计算公式如下：

$$机械正常利用系数 = \frac{机械在一个工作班内纯工作时间}{一个工作班延续时间(8h)} \quad (3-23)$$

（4）计算施工机械台班定额 在确定了机械工作正常条件、机械纯工作 1h 正常生产率和机械正常利用系数之后，采用下列公式计算施工机械的产量定额：

$$施工机械台班产量定额 = 机械纯工作 1h 正常生产率 \times 工作班纯工作时间$$
$$(3-24)$$

或

$$施工机械台班产量定额 = 机械纯工作 1h 正常生产率 \times 工作班延续时间 \times$$
$$机械正常利用系数 \quad (3-25)$$

$$施工机械时间定额 = \frac{1}{机械台班产量定额指标} \quad (3-26)$$

第四节 概算定额

一、概算定额概述

1. 概算定额的概念

概算定额是在预算定额的基础上，确定完成合格的单位扩大分项工程或单位扩大结构构件所需消耗的人工、材料和机械台班的数量标准，所以概算定额又称作"扩大结构定额"。

概算定额与预算定额的相同之处是都以建（构）筑物各个结构部分和分部分项工程为单位表示的，内容也包括人工、材料和机械台班使用量定额三个基本部分，并列有基准价。

概算定额表达的主要内容、表达的主要方式及基本使用方法都与综合预算定额类似。

$$定额基准价 = 定额单位人工费 + 定额单位材料费 + 定额单位机械费$$
$$= 人工概算定额消耗量 \times 人工工资单价 +$$
$$\sum(材料概算定额消耗量 \times 材料预算价格) +$$

$$\Sigma(施工机械概算定额消耗量\times机械台班费用单价)$$

$$(3-27)$$

概算定额与预算定额的不同之处在于项目划分和综合扩大程度上的差异，同时，概算定额主要用于设计概算的编制。因为概算定额综合了若干分项工程的预算定额，所以使概算工程量计算和概算表的编制，都比编制施工图预算简化了很多。

2. 概算定额的内容

概算定额由文字说明和定额表两部分组成。

1）文字说明部分包括总说明和各章节的说明。

在总说明中，主要阐述编制的依据、用途、适用范围、工程内容、有关规定、取费标准和概算造价计算方法等。

分章说明中包括分部工程量的计算规则、说明、定额项目的工程内容等。

2）定额表格式。

定额表头注有本节定额的工作内容，定额的计量单位（或在表格内）。表格内有基价、人工、材料和机械费，主要材料消耗量等。

3. 概算定额的作用

概算定额的作用如下所述：

1）初步设计阶段编制概算、扩大初步设计阶段编制修正概算的主要依据。

2）进行分析比较设计项目技术经济的基础资料之一。

3）建设工程主要材料计划编制的依据。

4）控制施工图预算的依据。

5）施工企业在准备施工期间，编制施工组织总设计或总规划时，对生产要素提出需要量计划的依据。

6）工程结束后，进行竣工决算和评价的依据。

7）编制概算指标的依据。

所以，正确合理编制概算定额对提高设计概算质量，合理使用建设资金，降低成本，充分发挥投资效益等方面，都具有重要的作用。

二、概算定额的编制

1. 概算定额的编制原则

概算定额应该贯彻社会平均水平和简明适用的原则。因为概算定额和预算定额都是工程计价的依据，因此应符合价值规律和反映现阶段大多数企业的设计、生产及施工管理水平。概算定额的内容和深度是在预算定额基础上的综合和扩大。为保证其严密性和正确性，在合并中不得遗漏或增减项目。概算定额必须达到简化、准确和适用。

2. 概算定额的编制依据

1) 现行的设计规范和建筑工程预算定额。

2) 具有代表性的标准设计图纸和其他设计资料。

3) 现行的人工工资标准、材料预算价格、机械台班预算价格及其他的价格资料。

3. 概算定额的编制步骤

概算定额的编制一般分为准备阶段、编制初稿阶段和审查定稿阶段 3 步。

（1）准备阶段　该阶段主要是确定编制机构和人员组成，进行调查研究，了解现行概算定额执行情况和存在的问题，明确编制的目的，制定概算定额的编制方案和确定概算定额的项目。

（2）编制初稿阶段　该阶段是按照已经确定的编制方案和概算定额项目，收集和整理各种编制依据，对各种资料进行深入细致的测算和分析，确定人工、材料和机械台班的消耗量指标，最后编制概算定额初稿。

（3）审查定稿阶段　该阶段的主要工作是测算定额水平，即测算新编制概算定额与原概算定额及现行预算定额之间的水平。测算的方法既要分项进行测算，又要以单位工程为对象通过编制单位工程概算进行综合测算。概算定额水平与预算定额水平之间存在一定的幅度差，幅度差一般在 5% 以内。概算定额经测算比较后，可报送国家授权机关审批。

三、概算定额手册的内容

按专业特点和地区特点编制的概算定额手册，内容基本上是由文字说明、定额项目表和附录三部分组成。

1. 文字说明部分

文字说明部分由总说明和分部工程说明组成。在总说明中，主要阐述概算定额的编制依据、使用范围、包括的内容及作用、应遵守的规则及建筑面积计算规则等。分部工程说明主要阐述本分部工程包括的综合工作内容及分部工程的工程量计算规则等。

2. 定额项目表

（1）定额项目的划分　建设工程概算定额项目划分方法一般有以下两种，一是按结构划分：通常是按土方、基础、墙、梁板柱、门窗、楼地面、屋面、装饰、构筑物等工程结构划分；二是按工程部位（分部）划分：通常是按基础、墙体、梁柱、楼地面、屋盖、其他工程部位等划分，例如基础工程中包括了砖、石、混凝土基础等项目。公路工程概算定额的项目划分为：路基工程、路面工程、隧道工程、涵洞工程和桥梁工程。

（2）定额项目表　定额项目表是概算定额手册的主要内容，由若干个分节组成。各节定额组成包括：工程内容、定额表及附注说明。定额表中列有定额编号，计量单位，概算价格人工、材料、机械台班消耗指标，综合了预算定额的若干项目与数量。

第五节　概算指标

一、概算指标概述

建筑安装工程概算指标是国家或其授权机关规定的生产一定的扩大计量单位建筑工程的造价和工料消耗量的标准。例如，建筑工程中的每 m^2 建筑面积造价和工料消耗量指标，每 $100m^2$ 土建工程、给水排水工程、采暖工程、电气照明工程的造价和工料消耗量指标，每一座构筑物造价和工料消耗指标等。

建筑安装工程概算指标相较建筑安装工程概算定额更为综合、扩大。建筑安装工程概算指标的作用主要包括：

1）设计单位在方案设计阶段编制投资估算、选择设计方案的依据。

2）基建部门编制基本建设投资计划和估算主要材料需要量的依据。

3）施工单位编制施工计划，确定施工方案和进行经济核算的依据。

二、概算指标的分类

概算指标可分为两大类，一类是建筑工程概算指标，另一类是设备安装工程概算指标，如图 3-1 所示。

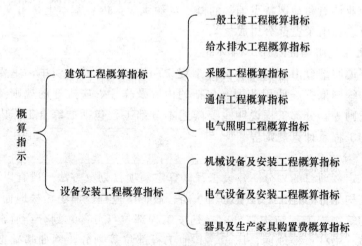

图 3-1　概算指标分类

三、概算指标的编制

1. 概算指标的编制依据

1）标准设计图纸和各类工程典型设计。

2）国家颁发的建筑标准、设计规范、施工规范等。

3）各类工程造价资料。

4）现行的概算定额和预算定额及补充定额。

5）人工工资标准、材料预算价格、机械台班预算价格及其他价格资料。

2. 概算指标的编制步骤

一般按下列 3 个阶段进行：

1）准备阶段，主要是收集资料，确定指标项目，研究编制概算指标的相关方针、政策和技术性的问题。

2）编制阶段，主要是选定图纸，并按照图纸资料计算工程量和编制单位工程预算书，以及依据编制方案确定的指标项目和人工及主要材料消耗指标，填写概算指标表格。

3）审核定案及审批，概算指标初步确定后要经过审查、比较，并做必要的调整后，送国家授权机关审批。

3. 概算指标的应用

概算指标的应用比概算定额的灵活性更大，由于它是一种综合性很强的指标，不可能与拟建工程的建筑特征、结构特征、自然条件、施工条件完全一致。因此，在要十分慎重的选用概算指标时，选用的指标与设计对象在各个方面应尽量一致或接近，不一致的地方要进行换算，以提高准确性。

概算指标的应用一般有两种情况：一是如果设计对象的结构特征与概算指标一致时，可以直接套用；二是如果设计对象的结构特征与概算指标的规定局部不同时，要对指标的局部内容进行调整后再套用。

1）每 $100m^2$ 造价调整。调整的思路如同定额换算，即从原每 $100m^2$ 概算造价中，减去每 $100m^2$ 建筑面积需换算出结构构件的价值，加上每 $100m^2$ 建筑面积需换入结构构件的价值，即得每 $100m^2$ 修正概算造价调整指标，再将每 $100m^2$ 造价调整指标乘以设计对象的建筑面积，即得出拟建工程的概算造价。

2）每 $100m^2$ 工料数量的调整。调整的思路是，从所选定指标的工料消耗量中，将与拟建工程不同的结构构件的工料消耗量换出，换入所需结构构件的工料消耗量。

四、概算指标的内容

概算指标一般包括文字说明和列表两部分以及必要的附录。

（1）总说明和分册说明　其内容包括：概算指标的编制范围、编制依据、分册情况、指标包括的内容、指标未包括的内容、指标的使用方法、指标允许调整的范围及调整方法等。

（2）列表　建筑工程的列表形式，房屋建筑、构筑物的列表一般是以建筑面积、建筑体积、"座"、"个"等为计算单位，附以必要的示意图，示意图画出建筑物的轮廓示意或单线平面图，列出综合指标：元/100m² 或元/1000m³，自然条件（例如地耐力、地震烈度等），建筑物的类型、结构形式及各部位中结构主要特点，主要工程量。安装工程的列表形式，设备以"t"或"台"为计算单位，也可用设备购置费或设备原价的百分比（％）表示；工艺管道一般以"t"为计算单位；通信电话站安装以"站"为计算单位。列出指标编号、项目名称、规格、综合指标（元/计算单位）之后通常还要列出其中的人工费，有时还需要列出主要材料费、辅材费。

第六节　投资估算

一、投资估算指标概述

投资估算指标的制定是工程建设管理的一项重要基础工作。投资估算指标是编制项目建议书和可行性研究报告投资估算的依据，也可作为编制固定资产长远规划投资额的参考。投资估算指标中的主要材料消耗也是一种扩大材料消耗定额，可作为计算建设项目主要材料消耗量的基础。科学、合理地制定估算指标，对保证估算的准确性和项目决策的科学化有重要意义。

二、投资估算指标的分类

依据投资估算指标的综合程度可分为建设项目指标、单项工程指标和单位工程指标三个层次。

1. 建设项目综合指标

建设项目综合指标是指按规定应列入建设项目总投资的从立项筹建开始到竣工验收交付使用的全部投资额，包括单项工程投资、工程建设其他费用和预备费等。

建设项目综合指标通常以项目的综合生产能力单位投资表示，例如元/t、元/kW。或以使用功能表示，例如医院床位为元/床。

2. 单项工程指标

单项工程指标是指按规定应列入能独立发挥生产能力或使用效益的单项工程内的全部投资额，包括建筑工程费，安装工程费，设备、工具、器具及生产家具购置费和可能包含的其他费用。单项工程的一般划分如下：

1) 主要生产设施是指直接参加生产产品的工程项目，包括生产车间或生产装置。

2) 辅助生产设施是指为主要生产车间服务的工程项目。包括集中控制室、中央实验室、机修、电修、仪器仪表修理及木工（模）等车间，原材料、半成品、成品及危险品等仓库。

3）公用工程，包括给水排水系统（给排水泵房、水塔、水池及全厂给水排水管网）、供热系统（锅炉房及水处理设施、全厂热力管网）、供电及通信系统（变配电所、开关所及全厂输电、电信线路），以及热电站、热力站、煤气站、空压站、冷冻站、冷却塔和全厂管网等。

4）环境保护工程，包括废气、废渣、废水等处理和综合利用设施及全厂性绿化。

5）总图运输工程，包括厂区防洪、围墙大门、传达及收发室、汽车库、消防车库、厂区道路、桥涵、厂区码头及厂区大型土石方工程。

6）厂区服务设施，包括厂部办公室、厂区食堂、医务室、浴室、哺乳室、自行车棚等。

7）生活福利设施，包括职工医院、住宅、生活区食堂、俱乐部、托儿所、幼儿园、子弟学校、商业服务点及与之配套的设施。

8）厂外工程，例如水源工程，厂外输电、输水、排水、通信、输油等管线，以及公路、铁路专用线等。

单项工程指标一般以单项工程生产能力单位投资，例如"元/t"或其他单位表示。例如，变配电站："元/（kV·A）"；锅炉房："元/蒸汽吨"；供水站："元/m³"；办公室、仓库、宿舍、住宅等房屋则区别不同结构形式以"元/m²"表示。

3. 单位工程指标

单位工程指标按规定应列入建筑安装工程费用。

单位工程指标一般以以下方式表示：房屋区别不同结构形式以"元/m²"表示；道路区别不同结构层、面层以"元/m²"表示；水塔区别不同结构层、容积以"元/座"表示；管道区别不同材质、管径以"元/m"表示。

三、投资估算指标的编制

1. 投资估算指标的编制原则

1）投资估算指标项目的确定，应考虑未来几年建设项目建议书和可行性研究报告投资估算的编制需要。

2）投资估算指标的分类、项目划分、项目内容、表现形式等要结合各专业的特点，并且要适应项目建议书、可行性研究报告的编制深度。

3）投资估算指标的编制内容、典型工程的选择，必须遵循国家的相关建设方针政策，符合国家技术发展方向，贯彻国家高科技政策和发展方向原则，使指标的编制既能反映现实的高科技成果，又能反映正常建设条件下的造价水平，适应未来若干年的科技发展水平。坚持技术上先进、可行和经济上的合理，力求以较少的投入获得最大的投资效益。

4）投资估算指标的编制要反映不同行业、不同项目和不同工程的特点，投资估算指标要适应项目前期工作深度的需要，而且具有更大的综合性。投资估算指标要密切结合行业特点，项目建设的特定条件，在内容上既要贯彻指导性、准确性和可调性原则，又要有一定的深度和广度。

5）投资估算指标的编制要贯彻静态和动态相结合的原则。要充分考虑到在市场经济条件下建设条件、实施时间、建设期限等不同因素，考虑到建设期的动态因素，即价格、建设期利息、固定资产投资方向调节税及涉外工程的汇率等因素的变动导致指标的量差、价差、利息差、费用差等"动态"因素对投资估算的影响，对上述动态因素采取必要的调整办法和调整参数，尽可能减少动态因素对投资估算准确度的影响，使指标具有较强的实用性和可操作性。

2. 投资估算指标的编制方法

投资估算指标的编制一般分为以下三个阶段进行：

（1）收集整理资料阶段　收集整理已建成或正在建设的、符合现行技术政策和技术发展方向、有可能重复采用的、有代表性的工程设计施工图、标准设计，以及相应的竣工决算或施工图预算资料等，以这些资料为基础进行编制，资料收集越广泛，反映出的问题越多，编制工作考虑越全面，就越有利于提高投资估算指标的实用性和覆盖面。同时，对调查收集到的资料要选择占投资比重大，相互关联多的项目进行认真分析整理。因为已建成或正在建设的工程的设计意图、建设时间和地点、资料的基础等不同，相互之间的差异很大，需要去粗取精、去伪存真地加以整理，才能重复利用。将整理后的数据资料依项目划分栏目加以归类，按照编制年度的现行定额、费用标准和价格，调整成编制年度的造价水平及相互比例。

（2）平衡调整阶段　由于调查收集的资料来源不同，就算经过一定的分析整理，也难免会因为设计方案、建设条件和建设时间上的差异带来的某些影响，使数据失准或漏项等。必须对其进行综合平衡调整。

（3）测算审查阶段　测算是将新编的指标和选定工程的概预算在同一价格条件下进行比较，检验其"量差"的偏离程度是否在允许偏差的范围之内，若偏差过大，则要查找原因，进行修正，以保证指标的确切、实用。测算同时也是由专人对指标编制质量进行的一次系统检查，以保持测算口径的统一，进而组织经相关专业人员全面审查定稿。

由于投资估算指标的编制计算工作量很大，在现阶段计算机已经广泛普及的条件下，应尽可能应用计算机进行投资估算指标的编制工作。

第四章 电气工程清单计价

第一节 工程量清单

一、工程量清单的概念

工程量清单的含义包括下列三项内容：

1）工程量清单是将承包合同中规定的准备实施的全部工程项目和内容，按工程部位、性质及它们的数量、单价、合价等列表一一表示出来，作为投标报价和中标后计算工程价款的依据，工程量清单是组成承包合同的重要部分。

2）工程量清单是依照招标要求和施工设计图样要求，将拟建招标工程的全部项目和内容依据统一的工程量计算规则和子目分项要求，计算分部分项工程实物量，在清单上列出作为招标文件的组成部分，供投标单位逐项填写单价用于投标报价。

3）工程量清单，严格地说不单单是工程量，工程量清单已超出了施工设计图样量的范围，它是一个工程量清单的概念。

二、工程量清单计价的作用

工程量清单是工程量清单计价的有效工具，是国际工程承包招标投标中的流行方式，在招标投标和工程造价全过程管理过程中起着重要作用，是招标人与投标人建立和实现"要约"与"承诺"需求的信息载体，由于形式简单统一，也为网上招标提供了有效工具。同时因为它的公开性原则，也为投标者提供了一个公开、公平、公正竞争的环境。因为统一由招标人计算和发布工程量清单，特别是由专业水平高的咨询人员（即第三者）编制工程量清单，一是立场公正，二是可以防止由于项目分项不一致、漏项、多项、工程量计算不准确等人为因素的影响，同时便于投标者将主要人力和精力集中于报价决策上，提高了投标工作的效率及中标的可能性。此外，工程量清单是工程合同的重要文件之一，因而又是招标标底、投标报价、询价、评标、工程进度款支付的依据。结合合同，工程量清单又是施工过程中的进度支付、工程结算、索赔及竣工结算的重要依据。总之，它对从招标投标开始的全过程工程造价管理起着重要的作用。

三、《清单计价规范》简介

2013 年住房和城乡建设部标准定额司组织相关单位对《建设工程工程量清单计价规范》GB 50500—2008（简称"08 规范"）进行了修编，颁布实施了《建设工程工程量清单计价规范》GB 50500—2013（简称"13 规范"）、《通用安装工程工程量计算规范》GB 50856—2013 等 9 本计量规范。

1. "13 规范"修编必要性

1）相关法律等的变化，需要修改计价规范《中华人民共和国社会保险法》的实施；《中华人民共和国建筑法》关于实行工伤保险，鼓励企业为从事危险作业的职工办理意外伤害保险的修订，国家发展改革委、财政部关于取消工程定额测定费的规定；财政部开征地方教育附加等规费方面的变化，需要修改计价规范。

《建筑市场管理条例》（2012 年）的起草，《建筑工程施工发包与承包计价管理办法》（2001 年）的修订，为"08 规范"的修改提供了基础。

2）"08 规范"的理论探讨和实践总结，需要修改计价规范"08 规范"实施以来，在工程建设领域得到了充分肯定，从《建筑》《建筑经济》《建筑时报》《工程造价》《造价师》等报纸杂志刊登的文章来看，"08 规范"对工程计价产生了重大影响。一些法律工作者从法律角度对强制性条文进行了点评；一些理论工作者对规范条文进行了理论探索；一些实际工作者对单价合同、总价合同的适用问题，对竣工结算应尽可能使用前期计价资料问题，以及计价规范应更具操作性等提出了很多好的建议。

3）一些作为探索的条文说明，经过实践需要进入计价规范"08 规范"出台时，一些不成熟的条文采用了条文说明或宣贯教材引路的方式。经过实践，有的已经形成共识，如计价风险分担、物价波动的价格指数调整、招标控制价的投诉处理等，需要进入计价规范正文，增大执行效力。

4）附录部分的不足，需要尽快修改完善

①有的专业分类不明确，需要重新定义划分，增补"城市轨道交通""爆破工程"等专业。

②一些项目划分不适用，设置不合理。

③有的项目特征描述不能体现项目自身价值，存在缺乏表述或难于描述的现象。

④有的项目计量单位不符合工程项目的实际情况。

⑤有的计算规则界线划分不清，导致计量扯皮。

⑥未考虑市场成品化生产的现状。

⑦与传统的计价定额衔接不够，不便于计量与计价。

5）附录部分需要增加新项目，删除淘汰项目　随着科技的发展，为了满足计量、计价的需要，应增补新技术、新工艺、新材料的项目，同时，应删除技术规范已经淘汰的项目。

6）有的计量规定需要进一步重新定义和明确"08规范"附录个别规定需重新定义和划分，例如：土石类别的划分一直沿用"普氏分类"，桩基工程又采用分级，而国家相关标准又未使用；施工排水与安全文明施工费中的排水两者不明确；钢筋工程有关"搭接"的计算规定含糊等。

7）"08规范"对于计价、计量的表现形式有待改变"08规范"正文部分主要是有关计价方面的规定，附录部分主要是有关计量的规定。对于计价而言，无论什么专业都应该是一致的；而计量，随着专业的不同存在不一样的规定，将其作为附录处理，不方便操作和管理，也不利于不同专业计量规范的修订和增补。为此，计价、计量规范体系表现形式的改变，是很有必要的。

2．"13规范"修编原则

（1）计价规范

1）依法原则。建设工程计价活动受《中华人民共和国合同法》（简称《合同法》）等多部法律、法规的管辖。因此，"13规范"与"08规范"一样，对规范条文做到依法设置。例如，有关招标控制价的设置，就遵循了《政府采购法》的相关规定，以有效地遏制哄抬标价的行为；有关招标控制价投诉的设置，就遵循了《招标投标法》的相关规定，既维护了当事人的合法权益，又保证了招标活动的顺利进行；有关合理工期的设置，就遵循了《建设工程质量管理条例》（2000年）的相关规定，以促使施工作业有序进行，确保工程质量和安全；有关工程结算的设置，就遵循了《合同法》及相关司法解释的相关规定。

2）权责对等原则。在建设工程施工活动中，不论发包人或承包人，有权利就必然有责任。"13规范"仍然坚持这一原则，杜绝只有权利没有责任的条款。如"08规范"关于工程量清单编制质量的责任由招标人承担的规定，就有效遏制了招标人以强势地位设置工程量偏差由投标人承担的做法。

3）公平交易原则。建设工程计价从本质上讲，就是发包人与承包人之间的交易价格，在社会主义市场经济条件下应做到公平进行。"08规范"关于计价风险合理分担的条文，及其在条文说明中对于计价风险的分类和风险幅度的指导意见，就得到了工程建设各方的认同，因此，"13规范"将其正式条文化。

4）可操作性原则。"13规范"尽量避免条文点到为止，十分重视条文有无可操作性。例如招标控制价的投诉问题，"08规范"仅规定可以投诉，但没有操作方面的规定，"13规范"在总结黑龙江、山东、四川等地做法的基础上，对投诉时限、投诉内容、受理条件、复查结论等做了较为详细的规定。

5）从约原则。建设工程计价活动是发承包双方在法律框架下签约、履约的活动。因此，遵从合同约定，履行合同义务是双方的应尽之责。"13规范"在条文上坚持"按合同约定"的规定，但在合同约定不明或没有约定的情况下，发承包双方发生争议时不能协商一致，规范的规定就会在处理争议方面发挥积极作用。

（2）计量规范

1）项目编码唯一性原则。"13规范"虽然将"08规范"附录独立，新修编为9个计量规范，但项目编码仍按"03规范""08规范"设置的方式保持不变。前两位定义为每本计量规范的代码，使每个项目清单的编码都是唯一的，没有重复。

2）项目设置简明适用原则。"13规范"在项目设置上以符合工程实际、满足计价需要为前提，力求增加新技术、新工艺、新材料的项目，删除技术规范已经淘汰的项目。

3）项目特征满足组价原则。"13规范"在项目特征上，对凡是体现项目自身价值的都作出规定，不以工作内容已有，而不在项目特征中作出要求。

①对工程计价无实质影响的内容不作规定，如现浇混凝土梁底板标高等。

②对应由投标人根据施工方案自行确定的不作规定，如预裂爆破的单孔深度及装药量等。

③对应由投标人根据当地材料供应及构件配料决定的不作规定，如混凝土拌和料的石子种类及粒径、砂的种类等。

④对应由施工措施解决并充分体现竞争要求的，注明了特征描述时不同的处理方式，如弃土运距等。

4）计量单位方便计量原则。计量单位应以方便计量为前提，注意与现行工程定额的规定衔接。如有两个或两个以上计量单位均可满足某工程项目计量要求的，均予以标注，由招标人根据工程实际情况选用。

5）工程量计算规则统一原则。"13规范"不使用"估算"之类的词语；对使用两个或两个以上计量单位的，分别规定了不同计量单位的工程量计算规则；对易引起争议的，用文字说明，如钢筋的搭接如何计量等。

3."13规范"特点

"13规范"全面总结了"03规范"实施10年来的经验，针对存在的问题，对"08规范"进行全面修订，与之比较，具有如下特点：

1）确立了工程计价标准体系的形成。"03规范"发布以来，我国又相继发布了《建筑工程建筑面积计算规范》GB/T 50353—2005、《水利工程工程量清单计价规范》GB 50501—2007、《建设工程计价设备材料划分标准》GB/T 50531—2009，此次修订，共发布10本工程计价、计量规范，特别是9个专业工程计量规范的出台，使整个工程计价标准体系明晰了，为下一步工程计价标准的制订打下了坚实的基础。

2）扩大了计价计量规范的适用范围。"13 规范"明确规定，"本规范适用于建设工程发承包及实施阶段的计价活动"、"13 规范"并规定"××工程计价，必须按本规范规定的工程量计算规则进行工程计量"。而非"08 规范"规定的"适用于工程量清单计价活动"。表明了不分何种计价方式，必须执行计价计量规范，对规范发承包双方计价行为有了统一的标准。

3）深化了工程造价运行机制的改革。"13 规范"坚持了"政府宏观调控、企业自主报价、竞争形成价格、监管行之有效"的工程造价管理模式的改革方向。在条文设置上，使其工程计量规则标准化、工程计价行为规范化、工程造价形成市场化。

4）强化了工程计价计量的强制性规定。"13 规范"在保留"08 规范"强制性条文的基础上，又在一些重要环节新增了部分强制性条文，在规范发承包双方计价行为方面得到了加强。

5）注重了与施工合同的衔接。"13 规范"明确定义为适用于"工程施工发承包及实施阶段……"因此，在名词、术语、条文设置上尽可能与施工合同相衔接，既重视规范的指引和指导作用，又充分尊重发承包双方的意愿自治，为造价管理与合同管理相统一搭建了平台。

6）明确了工程计价风险分担的范围。"13 规范"在"08 规范"计价风险条文的基础上，根据现行法律法规的规定，进一步细化、细分了发承包阶段工程计价风险，并提出了风险的分类负担规定，为发承包双方共同应对计价风险提供了依据。

7）完善了招标控制价制度。自"08 规范"总结了各地经验，统一了招标控制价称谓，在《中华人民共和国招标投标法实施条例》（以下简称《招标投标法实施条例》）中又以最高投标限价得到了肯定。"13 规范"从编制、复核、投诉与处理对招标控制价作了详细规定。

8）规范了不同合同形式的计量与价款交付。"13 规范"针对单价合同、总价合同给出了明确定义，指明了其在计量和合同价款中的不同之处，提出了单价合同中的总价项目和总价合同的价款支付分解及支付的解决办法。

9）统一了合同价款调整的分类内容。"13 规范"按照形成合同价款调整的因素，归纳为 5 类 14 个方面，并明确将索赔也纳入合同价款调整的内容，每一方面均有具体的条文规定，为规范合同价款调整提供了依据。

10）确立了施工全过程计价控制与工程结算的原则。"13 规范"从合同约定到竣工结算的全过程均设置了可操作性的条文，体现了发承包双方应在施工全过程中管理工程造价，明确规定竣工结算应依据施工过程中的发承包双方确认的计量、计价资料办理的原则，为进一步规范竣工结算提供了依据。

11）提供了合同价款争议解决的方法。"13规范"将合同价款争议专列一章，根据现行法律规定立足于把争议解决在萌芽状态，为及时并有效解决施工过程中的合同价款争议，提出了不同的解决方法。

12）增加了工程造价鉴定的专门规定。由于不同的利益诉求，一些施工合同纠纷采用仲裁、诉讼的方式解决，这时，工程造价鉴定意见就成了一些施工合同纠纷案件裁决或判决的主要依据。因此，工程造价鉴定除应按照工程计价规定外，还应符合仲裁或诉讼的相关法律规定，"13规范"对此作了规定。

13）细化了措施项目计价的规定。"13规范"根据措施项目计价的特点，按照单价项目、总价项目分类列项，明确了措施项目的计价方式。

14）增强了规范的操作性。"13规范"尽量避免条文点到为止，增加了操作方面的规定。"13计量规范"在项目划分上体现简明适用；项目特征既体现本项目的价值，又方便操作人员的描述；计量单位和计算规则，既方便了计量的选择，又考虑了与现行计价定额的衔接。

15）保持了规范的先进性。此次修订增补了建筑市场新技术、新工艺、新材料的项目，删去了淘汰的项目。对土石分类重新进行了定义，实现了与现行国家标准的衔接。

第二节　电气工程工程量清单编制

一、一般规定

1）招标工程量清单应由具有编制能力的招标人或受其委托、具有相应资质的工程造价咨询人或招标代理人编制。

2）招标工程量清单必须作为招标文件的组成部分，其准确性和完整性由招标人负责。

3）招标工程量清单是工程量清单计价的基础，应作为编制招标控制价、投标报价、计算工程量、工程索赔等的依据之一。

4）招标工程量清单应以单位（项）工程为单位编制，应由分部分项工程量清单、措施项目清单、其他项目清单、规费和税金项目清单组成。

5）编制工程量清单应依据：

①《通用安装工程工程量计算规范》GB 50856—2013和现行国家标准《建设工程工程量清单计价规范》GB 50500—2013。

②国家或省级、行业建设主管部门颁发的计价依据和办法。

③建设工程设计文件。

④与建设工程项目有关的标准、规范、技术资料。

⑤拟订的招标文件。

⑥施工现场情况、工程特点及常规施工方案。

⑦其他相关资料。

6）其他项目、规费和税金项目清单应按照现行国家标准《建设工程工程量清单计价规范》GB 50500—2013 的相关规定编制。

7）编制工程量清单出现《通用安装工程工程量计算规范》GB 50856—2013 附录中未包括的项目，编制人应做补充，并报省级或行业工程造价管理机构备案，省级或行业工程造价管理机构应汇总报住房和城乡建设部标准定额研究所。

补充项目的编码由《通用安装工程工程量计算规范》GB 50856—2013 的代码 04 与 B 和三位阿拉伯数字组成，并应从 04B001 起顺序编制，同一招标工程的项目不得重码。

补充的工程量清单需附有补充项目的名称、项目特征、计量单位、工程量计算规则、工作内容。不能计量的措施项目，需附有补充项目的名称、工作内容及包含范围。

二、分部分项工程

1）工程量清单必须根据《通用安装工程工程量计算规范》GB 50856—2013 附录规定的项目编码、项目名称、项目特征、计量单位和工程量计算规则进行编制。

2）工程量清单的项目编码，应采用前十二位阿拉伯数字表示，一至九位应按《通用安装工程工程量计算规范》GB 50856—2013 附录的规定设置，十至十二位应根据拟建工程的工程量清单项目名称设置，同一招标工程的项目编码不得有重码。

各位数字的含义是：一、二位为专业工程代码（01—房屋建筑与装饰工程；02—仿古建筑工程；03—通用安装工程；04—市政工程；05—园林绿化工程；06—矿山工程；07—构筑物工程；08—城市轨道交通工程；09—爆破工程。以后进入国标的专业工程代码以此类推）；三、四位为工程分类顺序码；五、六位为分部工程顺序码；七、八、九位为分项工程项目名称顺序码；十至十二位为清单项目名称顺序码。

当同一标段（或合同段）的一份工程量清单中含有多个单位工程且工程量清单是以单位工程为编制对象时，在编制工程量清单时应特别注意对项目编码十至十二位的设置不得有重码的规定。例如，一个标段（或合同段）的工程量清单中含有 3 个单位工程，每一单位工程中都有项目特征相同的变压器项目，在工程量清单中又需反映 3 个不同单位工程的变压器工程量时，则第一个单位工程变压器的项目编码应为 030401001001，第二个单位工程变压器的项目编码应为 030401001002，第三个单位工程变压器的项目编码应为 030401001003，并分别列出各单位工程变压器的工程量。

3）工程量清单的项目名称应按《通用安装工程工程量计算规范》GB 50856—2013 附录的项目名称结合拟建工程的实际确定。

4）分部分项工程量清单项目特征应按《通用安装工程工程量计算规范》GB 50856—2013 附录中规定的项目特征，结合拟建工程项目的实际予以描述。

工程量清单的项目特征是确定一个清单项目综合单价不可缺少的重要依据，在编制工程量清单时，必须对项目特征进行准确和全面地描述。但有些项目特征用文字往往又难以准确和全面地描述清楚。因此，为达到规范、简洁、准确、全面描述项目特征的要求，在描述工程量清单项目特征时应按以下原则进行：

①项目特征描述的内容应按附录中的规定，结合拟建工程的实际，能满足确定综合单价的需要。

②若采用标准图集或施工图纸能够全部或部分满足项目特征描述的要求，项目特征描述可直接采用详见××图集或××图号的方式。对不能满足项目特征描述要求的部分，仍应用文字描述。

5）分部分项工程量清单中所列工程量应按《通用安装工程工程量计算规范》GB 50856—2013 附录中规定的工程量计算规则计算。

6）分部分项工程量清单的计量单位应按《通用安装工程工程量计算规范》GB 50856—2013 附录中规定的计量单位确定。

7）项目安装高度若超过基本高度时，应在"项目特征"中描述。电气设备安装工程的基本安装高度为 5m。

三、措施项目

1）措施项目清单必须根据相关工程现行国家计量规范的规定编制，应根据拟建工程的实际情况列项。

2）措施项目中列出了项目编码、项目名称、项目特征、计量单位、工程量计算规则的项目。编制工程量清单时，应按照"分部分项工程"的规定执行。

3）措施项目中仅列出项目编码、项目名称，未列出项目特征、计量单位和工程量计算规则的项目，编制工程量清单时，应按表 4-1 的项目规定的项目编码、项目名称确定。

表 4-1　专业措施项目（项目编码 031301）

项目编码	项目名称	工作内容及包含范围
031301001	吊装加固	1. 行车梁加固 2. 桥式起重机加固及负荷试验 3. 整体吊装临时加固件，加固设施拆除、清理
031301002	金属抱杆安装、拆除、移位	1. 安装、拆除 2. 位移 3. 吊耳制作安装 4. 拖拉坑挖埋
031301003	平台铺设、拆除	1. 场地平整 2. 基础及支墩砌筑 3. 支架型钢搭设 4. 铺设 5. 拆除、清理
031301004	顶升、提升装置	安装、拆除
031301005	大型设备专用机具	
031301006	焊接工艺评定	焊接、试验及结果评价
031301007	胎（模）具制作、安装、拆除	制作、安装、拆除
031301008	防护棚制作安装拆除	防护棚制作、安装、拆除
031301009	特殊地区施工增加	1. 高原、高寒施工防护 2. 地震防护
031301010	安装与生产同时进行施工增加	1. 火灾防护 2. 噪声防护
031301011	在有害身体健康环境中 施工增加	1. 有害化合物防护 2. 粉尘防护 3. 有害气体防护 4. 高浓度氧气防护
031301012	工程系统检测、检验	1. 起重机、锅炉、高压容器等特种设备安装质量监督检验检测 2. 由国家或地方检测部门进行的各类检测
031301013	设备、管道施工的安全、防冻和焊接保护	保证工程施工正常进行的防冻和焊接保护
031301014	焦炉烘炉、热态工程	1. 烘炉安装、拆除、外运 2. 热态作业劳保消耗
031301015	管道安拆后的充气保护	充气管道安装、拆除

续表

项目编码	项目名称	工作内容及包含范围
031301016	隧道内施工的通风、供水、供气、供电、照明及通信设施	通风、供水、供气、供电、照明及通信设施安装、拆除
031301017	脚手架搭拆	1. 场内、场外材料搬运 2. 搭、拆脚手架 3. 拆除脚手架后材料的堆放
031301018	其他措施	为保证工程施工正常进行所发生的费用

注：1. 由国家或地方检测部门进行的各类检测，指安装工程不包括的属经营服务性项目，如通电测试、防雷装置检测、安全、消防工程检测、室内空气质量检测等。

2. 脚手架按各附录分别列项。

3. 其他措施项目必须根据实际措施项目名称确定项目名称，明确描述工作内容及包含范围。

四、其他项目

1）其他项目清单应按照下列内容列项：

①暂列金额。招标人暂定并包括在合同价款中的一笔款项。不管采用何种合同形式，其理想的标准是，一份合同的价格就是其最终的竣工结算价格，或者至少两者应尽可能接近。我国规定对政府投资工程实行概算管理，经项目审批部门批复的设计概算是工程投资控制的刚性指标，即使商业性开发项目也有成本的预先控制问题，否则，无法相对准确地预测投资的收益和科学合理地进行投资控制。但工程建设自身的特性决定了工程的设计需要根据工程进展不断地进行优化和调整，业主需求可能会随工程建设进展而出现变化，工程建设过程还会存在一些不能预见、不能确定的因素。消化这些因素必然会影响合同价格的调整，暂列金额正是因应这类不可避免的价格调整而设立，以便达到合理确定和有效控制工程造价的目标。

有一种错误的观念认为，暂列金额列入合同价格就属于承包人（中标人）所有了。事实上，即便是总价包干合同，也不是列入合同价格的任何金额都属于中标人的，是否属于中标人应得金额取决于具体的合同约定，暂列金额从定义开始就明确，只有按照合同约定程序实际发生后，才能成为中标人的应得金额，纳入合同结算价款中。扣除实际发生金额后的暂列金额余额仍属于招标人所有。设立暂列金额并不能保证合同结算价格不会再出现超过已签约合同价的情况，是否超出已签约合同价完全取决于对暂列金额预测的准确性，以及工程建设过程是否出现了其他事先未预测到的事件。

②暂估价。暂估价是指招标阶段直至签定合同协议时，招标人在招标文件中提供的用于支付必然要发生但暂时不能确定价格的材料及专业工程的金额。其中包括材料暂估价、工程设备暂估单价、专业工程暂估价。

为方便合同管理和计价，需要纳入工程量清单项目综合单价中的暂估价最好只是材料费，以方便投标人组价。对专业工程暂估价一般应是综合暂估价，包括除规费、税金以外的管理费、利润等。

③计日工。计日工是为了解决现场发生的零星工作的计价而设立的。国际上常见的标准合同条款中，大多数都设立了计日工（Daywork）计价机制。计日工对完成零星工作所消耗的人工工时、材料数量、施工机械台班进行计量，并按照计日工表中填报的适用项目的单价进行计价支付。计日工适用的所谓零星工作一般是指合同约定之外或者因变更而产生的、工程量清单中没有相应项目的额外工作，尤其是那些时间不允许事先商定价格的额外工作。

④总承包服务费。总承包服务费是为了解决招标人在法律、法规允许的条件下进行专业工程发包及自行供应材料、工程设备，并需要总承包人对发包的专业工程提供协调和配合服务，对甲供材料、工程设备提供收、发和保管服务及进行施工现场管理时发生并向总承包人支付的费用。招标人应预计该项费用，并按投标人的投标报价向投标人支付该项费用。

2）暂列金额应根据工程特点按有关计价规定估算。为保证工程施工建设的顺利实施，应针对施工过程中可能出现的各种不确定因素对工程造价的影响，在招标控制价中估算一笔暂列金额。暂列金额可根据工程的复杂程度、设计深度、工程环境条件（包括地质、水文、气候条件等）进行估算，一般可按分部分项工程费和措施项目费的10%～15%为参考。

3）暂估价中的材料、工程设备暂估价应根据工程造价信息或参照市场价格估算，列出明细表；专业工程暂估价应分不同专业，按有关计价规定估算，列出明细表。

4）计日工应列出项目名称、计量单位和暂估数量。

5）综合承包服务费应列出服务项目及其内容等。

6）出现上述第1）条中未列的项目，应根据工程实际情况补充。

五、规费项目

1）规费项目清单应按照下列内容列项：

①社会保障费：包括养老保险费、失业保险费、医疗保险费、工伤保险费、生育保险费。

②住房公积金。

③工程排污费。

2）出现上述第1）条中未列的项目，应按省级政府或省级有关部门的规定列项。

六、税金项目

1）税金项目清单应包括下列内容：

①营业税。

②城市维护建设税。

③教育费附加。

④地方教育附加。

2）出现上述第1）条未列的项目，应根据税务部门的规定列项。

第三节 电气工程工程量清单计价编制

一、一般规定

1. 计价方式

1）使用国有资金投资的建设工程发承包，必须采用工程量清单计价。

2）非国有资金投资的建设工程，宜采用工程量清单计价。

3）不采用工程量清单计价的建设工程，应执行《建设工程工程量清单计价规范》GB 50500—2013 除工程量清单等专门性规定外的其他规定。

4）工程量清单应采用综合单价计价。

5）措施项目中的安全文明施工费必须按国家或省级、行业建设主管部门的规定计算。不得作为竞争性费用。

6）规费和税金必须按国家或省级、行业建设主管部门的规定计算。不得作为竞争性费用。

2. 发包人提供材料和工程设备

1）发包人提供的材料和工程设备（以下简称"甲供材料"）应在招标文件中按照《建设工程工程量清单计价规范》GB 50500—2013 附录 L.1 的规定填写发包人提供材料和工程设备一览表，写明甲供材料的名称、规格、数量、单价、交货方式、交货地点等。

承包人投标时，甲供材料单价应计入相应项目的综合单价中，签约后，发包人应按合同约定扣除甲供材料款，不予支付。

2）承包人应根据合同工程进度计划的安排，向发包人提交甲供材料交货的日期计划。发包人应按计划提供。

3）发包人提供的甲供材料如规格、数量或质量不符合合同要求，或由于发包人原因发生交货日期延误、交货地点及交货方式变更等情况的，发包人应承担由此增加的费用和（或）工期延误，并应向承包人支付合理利润。

4）发承包双方对甲供材料的数量发生争议不能达成一致的，应按照相关工程的计价定额同类项目规定的材料消耗量计算。

5）若发包人要求承包人采购已在招标文件中确定为甲供材料的，材料价格应由发承包双方根据市场调查确定，并应另行签订补充协议。

3. 承包人提供材料和工程设备

1）除合同约定的发包人提供的甲供材料外，合同工程所需的材料和工程设备应由承包人提供，承包人提供的材料和工程设备均应由承包人负责采购、运输和保管。

2）承包人应按合同约定将采购材料和工程设备的供货人及品种、规格、数量和供货时间等提交发包人确认，并负责提供材料和工程设备的质量证明文件，满足合同约定的质量标准。

3）对承包人提供的材料和工程设备经检测不符合合同约定的质量标准，发包人应立即要求承包人更换，由此增加的费用和（或）工期延误应由承包人承担。对发包人要求检测承包人已具有合格证明的材料、工程设备，但经检测证明该项材料、工程设备符合合同约定的质量标准，发包人应承担由此增加的费用和（或）工期延误，并向承包人支付合理利润。

4. 计价风险

1）建设工程发承包。必须在招标文件、合同中明确计价中的风险内容及其范围。不得采用无限风险、所有风险或类似语句规定计价中的风险内容及范围。

2）由于下列因素出现，影响合同价款调整的，应由发包人承担：

①国家法律、法规、规章和政策发生变化。

②省级或行业建设主管部门发布的人工费调整，但承包人对人工费或人工单价的报价高于发布的除外。

③由政府定价或政府指导价管理的原材料等价格进行了调整。

3）由于市场物价波动影响合同价款的，应由发承包双方合理分摊，按《建设工程工程量清单计价规范》GB 50500—2013 中附录 L.2 或 L.3 填写承包人提供主要材料和工程设备一览表作为合同附件；当合同中没有约定，发承包双方发生争议时，应按"六、合同价款调整"中"物价变化"的规定调整合同价款。

4）由于承包人使用机械设备、施工技术及组织管理水平等自身原因造成施工费用增加的，应由承包人全部承担。

5）当不可抗力发生，影响合同价款时，应按本节"六、合同价款调整"中"10. 不可抗力"的规定执行。

二、招标控制价

1. 一般规定

1）国有资金投资的建设工程招标，招标人必须编制招标控制价。

2）招标控制价应由具有编制能力的招标人或受其委托具有相应资质的工程造价咨询人编制和复核。

3）工程造价咨询人接受招标人委托编制招标控制价，不得再就同一工程接受投标人委托编制投标报价。

4）招标控制价应按照下述"编制和复合"的规定编制，不应上调或下浮。

5）当招标控制价超过批准的概算时，招标人应将其报原概算审批部门审核。

6）招标人应在发布招标文件时公布招标控制价，同时应将招标控制价及有关资料报送工程所在地或有该工程管辖权的行业管理部门工程造价管理机构备查。

2. 编制和复合

1）招标控制价应根据下列依据编制与复核：

①《建设工程工程量清单计价规范》GB 50500—2013。

②国家或省级、行业建设主管部门颁发的计价定额和计价办法。

③建设工程设计文件及相关资料。

④拟订的招标文件及招标工程量清单。

⑤与建设项目相关的标准、规范、技术资料。

⑥施工现场情况、工程特点及常规施工方案。

⑦工程造价管理机构发布的工程造价信息，当工程造价信息没有发布时，参照市场价。

⑧其他的相关资料。

2）综合单价中应包括招标文件中划分的应由投标人承担的风险范围及其费用。招标文件中没有明确的，如是工程造价咨询人编制，应提请招标人明确；如是招标人编制，应予明确。

3）分部分项工程和措施项目中的单价项目，应根据拟订的招标文件和招标工程量清单项目中的特征描述及有关要求确定综合单价计算。

4）措施项目中的总价项目应根据拟定的招标文件和常规施工方案按"一、一般规定"中"1. 计价方式"4）、5）的规定计价。

5）其他项目应按下列规定计价：

①暂列金额应按招标工程量清单中列出的金额填写。

②暂估价中的材料、工程设备单价应按招标工程量清单中列出的单价计入综合单价。

③暂估价中的专业工程金额应按招标工程量清单中列出的金额填写。

④计日工应按招标工程量清单中列出的项目根据工程特点和有关计价依据确定综合单价计算。

⑤总承包服务费应根据招标工程量清单列出的内容和要求估算。

6）规费和税金应按"一、一般规定"中"1. 计价方式"6）的规定计算。

3. 投诉与处理

1）投标人经复核认为招标人公布的招标控制价未按照《建设工程工程量清单计价规范》GB 50500—2013 的规定进行编制的，应在招标控制价公布后 5d 内向招投标监督机构和工程造价管理机构投诉。

2）投诉人投诉时，应当提交由单位盖章和法定代表人或其委托人签名或盖章的书面投诉书。投诉书应包括下列内容。

①投诉人与被投诉人的名称、地址及有效联系方式。

②投诉的招标工程名称、具体事项及理由。

③投诉依据及有关证明材料。

④相关的请求及主张。

3）投诉人不得进行虚假、恶意投诉，阻碍招投标活动的正常进行。

4）工程造价管理机构在接到投诉书后应在 2 个工作日内进行审查，对有下列情况之一的，不予受理。

①投诉人不是所投诉招标工程招标文件的收受人。

②投诉书提交的时间不符合上述 1）条规定的。

③投诉书不符合上述 2）条规定的。

④投诉事项已进入行政复议或行政诉讼程序的。

5）工程造价管理机构应在不迟于结束审查的次日将是否受理投诉的决定书面通知投诉人、被投诉人及负责该工程招投标监督的招投标管理机构。

6）工程造价管理机构受理投诉后，应立即对招标控制价进行复查，组织投诉人、被投诉人或其委托的招标控制价编制人等单位人员对投诉问题逐一核对。有关当事人应当予以配合，并应保证所提供资料的真实性。

7）工程造价管理机构应当在受理投诉的 10d 内完成复查，特殊情况下可适当延长，并作出书面结论通知投诉人、被投诉人及负责该工程招投标监督的招投标管理机构。

8）当招标控制价复查结论与原公布的招标控制价误差大于±3％时，应当责成招标人改正。

9）招标人根据招标控制价复查结论需要重新公布招标控制价的，其最终公布的时间至招标文件要求提交投标文件截止时间不足 15d 的，应相应延长投标文件的截止时间。

三、投标报价

1. 一般规定

1）投标价应由投标人或受其委托具有相应资质的工程造价咨询人编制。

2）投标人应依据下述"2. 编制与复核"1）的规定自主确定投标报价。

3）投标报价不得低于工程成本。

4）投标人必须按招标工程量清单填报价格。项目编码、项目名称、项目特征、计量单位、工程量必须与招标工程量清单一致。

5）投标人的投标报价高于招标控制价的应予废标。

2. 编制与复核

1）投标报价应根据下列依据编制和复核。

①《建设工程工程量清单计价规范》GB 50500—2013。

②国家或省级、行业建设主管部门颁发的计价办法。

③企业定额，国家或省级、行业建设主管部门颁发的计价定额和计价办法。

④招标文件、招标工程量清单及其补充通知、答疑纪要。

⑤建设工程设计文件及相关资料。

⑥施工现场情况、工程特点及投标时拟订的施工组织设计或施工方案。

⑦与建设项目相关的标准、规范等技术资料。

⑧市场价格信息或工程造价管理机构发布的工程造价信息。

⑨其他的相关资料。

2）综合单价中应包括招标文件中划分的应由投标人承担的风险范围及其费用，招标文件中没有明确的，应提请招标人明确。

3）分部分项工程和措施项目中的单价项目，应根据招标文件和招标工程量清单项目中的特征描述确定综合单价计算。

4）措施项目中的总价项目金额应根据招标文件及投标时拟订的施工组织设计或施工方案，按"一、一般规定"中"1. 计价方式"4）的规定自主确定。其中安全文明施工费应按照"一、一般规定"中"1. 计价方式"5）的规定确定。

5）其他项目应按下列规定报价。

①暂列金额应按招标工程量清单中列出的金额填写。

②材料、工程设备暂估价应按招标工程量清单中列出的单价计入综合单价。

③专业工程暂估价应按招标工程量清单中列出的金额填写。

④计日工应按招标工程量清单中列出的项目和数量，自主确定综合单价并计算计日工金额。

⑤总承包服务费应根据招标工程量清单中列出的内容和提出的要求自主确定。

6）规费和税金应按"一、一般规定"中"计价方式"6）的规定确定。

7）招标工程量清单与计价表中列明的所有需要填写单价和合价的项目，

投标人均应填写且只允许有一个报价。未填写单价和合价的项目，可视为此项费用已包含在已标价工程量清单中的其他项目的单价和合价之中。当竣工结算时，此项目不得重新组价予以调整。

8) 投标总价应当与分部分项工程费、措施项目费、其他项目费和规费、税金的合计金额一致。

四、合同价款约定

1. 一般规定

1) 实行招标的工程合同价款应在中标通知书发出之日起 30d 内，由发承包双方依据招标文件和中标人的投标文件在书面合同中约定。

合同约定不得违背招标、投标文件中关于工期、造价、质量等方面的实质性内容。招标文件与中标人投标文件不一致的地方，应以投标文件为准。

2) 不实行招标的工程合同价款，应在发承包双方认可的工程价款基础上，由发承包双方在合同中约定。

3) 实行工程量清单计价的工程，应采用单价合同；建设规模较小，技术难度较低，工期较短，且施工图设计已审查批准的建设工程可采用总价合同；紧急抢险、救灾及施工技术特别复杂的建设工程可采用成本加酬金合同。

2. 约定内容

1) 发承包双方应在合同条款中对下列事项进行约定：

①预付工程款的数额、支付时间及抵扣方式。

②安全文明施工措施的支付计划，使用要求等。

③工程计量与支付工程进度款的方式、数额及时间。

④工程价款的调整因素、方法、程序、支付及时间。

⑤施工索赔与现场签证的程序、金额确认与支付时间。

⑥承担计价风险的内容、范围，以及超出约定内容、范围的调整办法。

⑦工程竣工价款结算编制与核对、支付及时间。

⑧工程质量保证金的数额、预留方式及时间。

⑨违约责任及发生合同价款争议的解决方法和时间。

⑩与履行合同、支付价款有关的其他事项等。

2) 合同中没有按照上述第 1) 条的要求约定或约定不明的，若发承包双方在合同履行中发生争议由双方协商确定；当协商不能达成一致时，应按《建设工程工程量清单计价规范》GB 50500—2013 的规定执行。

五、工程计量

1. 一般规定

1) 工程量必须按照相关工程现行国家计量规范规定的工程量计算规则计算。

2）工程计量可选择按月或按工程形象进度分段计量，具体计量周期应在合同中约定。

3）因承包人原因造成的超出合同工程范围施工或返工的工程量，发包人不予计量。

4）成本加酬金合同应按下述"单价合同的计量"的规定计量。

2. 单价合同的计量

1）工程量必须以承包人完成合同工程应予计量的工程量确定。

2）施工中进行工程计量，当发现招标工程量清单中出现缺项、工程量偏差，或因工程变更引起工程量增减时，应按承包人在履行合同义务中完成的工程量计算。

3）承包人应当按照合同约定的计量周期和时间向发包人提交当期已完工程量报告。发包人应在收到报告后 7d 内核实，并将核实计量结果通知承包人。发包人未在约定时间内进行核实的，承包人提交的计量报告中所列的工程量应视为承包人实际完成的工程量。

4）发包人认为需要进行现场计量核实时，应在计量前 24h 通知承包人，承包人应为计量提供便利条件并派人参加。当双方均同意核实结果时，双方应在上述记录上签字确认。承包人收到通知后不派人参加计量，视为认可发包人的计量核实结果。发包人不按照约定时间通知承包人，致使承包人未能派人参加计量，计量核实结果无效。

5）当承包人认为发包人核实后的计量结果有误时，应在收到计量结果通知后的 7d 内向发包人提出书面意见，并应附上其认为正确的计量结果和详细的计算资料。发包人收到书面意见后，应在 7d 内对承包人的计量结果进行复核后通知承包人。承包人对复核计量结果仍有异议的，按照合同约定的争议解决办法处理。

6）承包人完成已标价工程量清单中每个项目的工程量并经发包人核实无误后，发承包双方应对每个项目的历次计量报表进行汇总，以核实最终结算工程量，并应在汇总表上签字确认。

3. 总价合同的计量

1）采用工程量清单方式招标形成的总价合同，其工程量应按照上述"单价合同的计量"的规定计算。

2）采用经审定批准的施工图纸及其预算方式发包形成的总价合同，除按照工程变更规定的工程量增减外，总价合同各项目的工程量应为承包人用于结算的最终工程量。

3）总价合同约定的项目计量应以合同工程经审定批准的施工图纸为依据，发承包双方应在合同中约定工程计量的形象目标或时间节点进行计量。

4）承包人应在合同约定的每个计量周期内对已完成的工程进行计量，并向发包人提交达到工程形象目标完成的工程量和有关计量资料的报告。

5）发包人应在收到报告后 7d 内对承包人提交的上述资料进行复核，以确定实际完成的工程量和工程形象目标。对其有异议的，应通知承包人进行共同复核。

4. 工程计量其他规定

1）工程计量时每一项目汇总的有效位数应遵守下列规定：

①以"t"为单位，应保留小数点后三位数字，第四位小数四舍五入。

②以"m""m²""m³""kg"为单位，应保留小数点后两位数字，第三位小数四舍五入。

③以"台""个""件""套""根""组""系统"等为单位，应取整数。

2）本书中各项目仅列出了主要工作内容，除另有规定和说明外，应视为已经包括完成该项目所列或未列的全部工作内容。

3）本书中电气设备安装工程适用于电气 10kV 以下的工程。

4）本书中电气设备安装工程与现行国家标准《市政工程工程量计算规范》GB 50857—2013 路灯工程相关内容在执行上的划分界线如下：厂区、住宅小区的道路路灯安装工程、庭院艺术喷泉等电气设备安装工程按通用安装工程"电气设备安装工程"相应项目执行；涉及市政道路、市政庭院等电气安装工程的项目，按市政工程中"路灯工程"的相应项目执行。

5）本书中涉及管沟、坑及井类的土方开挖、垫层、基础、砌筑、抹灰、地沟盖板预制安装、回填、运输、路面开挖及修复、管道支墩的项目，按现行国家标准《房屋建筑与装饰工程工程量计算规范》（GB 50854—2013）和《市政工程工程量计算规范》（GB 50857—2013）的相应项目执行。

六、合同价款调整

1. 一般规定

1）下列事项（但不限于）发生，发承包双方应当按照合同约定调整合同价款。

①法律法规变化。

②工程变更。

③项目特征不符。

④工程量清单缺项。

⑤工程量偏差。

⑥计日工。

⑦物价变化。

⑧暂估价。

⑨不可抗力。

⑩提前竣工（赶工补偿）。

⑪误期赔偿。

⑫索赔。

⑬现场签证。

⑭暂列金额。

⑮发承包双方约定的其他调整事项。

2）出现合同价款调增事项（不含工程量偏差、计日工、现场签证、索赔）后的 14d 内，承包人应向发包人提交合同价款调增报告并附上相关资料；承包人在 14d 内未提交合同价款调增报告的，应视为承包人对该事项不存在调整价款请求。

3）出现合同价款调减事项（不含工程量偏差、索赔）后的 14d 内，发包人应向承包人提交合同价款调减报告并附相关资料；发包人在 14d 内未提交合同价款调减报告的，应视为发包人对该事项不存在调整价款请求。

4）发（承）包人应在收到承（发）包人合同价款调增（减）报告及相关资料之日起 14d 内对其核实，予以确认的应书面通知承（发）包人。当有疑问时，应向承（发）包人提出协商意见。发（承）包人在收到合同价款调增（减）报告之日起 14d 内未确认也未提出协商意见的，应视为承（发）包人提交的合同价款调增（减）报告已被发（承）包人认可。发（承）包人提出协商意见的，承（发）包人应在收到协商意见后的 14d 内对其核实，予以确认的应书面通知发（承）包人。承（发）包人在收到发（承）包人的协商意见后 14d 内既不确认也未提出不同意见的，应视为发（承）包人提出的意见已被承（发）包人认可。

5）发包人与承包人对合同价款调整的不同意见不能达成一致的，只要对发承包双方履约不产生实质影响，双方应继续履行合同义务，直到其按照合同约定的争议解决方式得到处理。

6）经发承包双方确认调整的合同价款，作为追加（减）合同价款，应与工程进度款或结算款同期支付。

2. 法律法规变化

1）招标工程以投标截止日前 28d、非招标工程以合同签订前 28d 为基准日，其后因国家的法律、法规、规章和政策发生变化引起工程造价增减变化的，发承包双方应按照省级或行业建设主管部门或其授权的工程造价管理机构据此发布的规定调整合同价款。

2）因承包人原因导致工期延误的，按上述第 1）款规定的调整时间，在合同工程原定竣工时间之后，合同价款调增的不予调整，合同价款调减的予以调整。

3. 工程变更

1）因工程变更引起已标价工程量清单项目或其工程数量发生变化时，应按照下列规定调整。

①已标价工程量清单中有适用于变更工程项目的，应采用该项目的单价；但当工程变更导致该清单项目的工程数量发生变化，且工程量偏差超过 15％时，该项目单价应按照下述"工程量偏差"2）条的规定调整。

②已标价工程量清单中没有适用但有类似于变更工程项目的，可在合理范围内参照类似项目的单价。

③已标价工程量清单中没有适用也没有类似于变更工程项目的，应由承包人根据变更工程资料、计量规则和计价办法、工程造价管理机构发布的信息价格和承包人报价浮动率提出变更工程项目的单价，并应报发包人确认后调整。承包人报价浮动率可按下列公式计算：

招标工程：

$$承包人报价浮动率 L＝（1－中标价/招标控制价）\times 100\% \qquad (4-1)$$

非招标工程：

$$承包人报价浮动率 L＝（1－报价/施工图预算）\times 100\% \qquad (4-2)$$

④已标价工程量清单中没有适用也没有类似于变更工程项目，且工程造价管理机构发布的信息价格缺价的，应由承包人根据变更工程资料、计量规则、计价办法和通过市场调查等取得有合法依据的市场价格提出变更工程项目的单价，并应报发包人确认后调整。

2）工程变更引起施工方案改变并使措施项目发生变化时，承包人提出调整措施项目费的，应事先将拟实施的方案提交发包人确认，并应详细说明与原方案措施项目相比的变化情况。拟实施的方案经发承包双方确认后执行，并应按照下列规定调整措施项目费。

①安全文明施工费应按照实际发生变化的措施项目依据"一、一般规定"中"1. 计价方式"5）的规定计算。

②采用单价计算的措施项目费，应按照实际发生变化的措施项目，按上述第1）条的规定确定单价。

③按总价（或系数）计算的措施项目费，按照实际发证变化的措施项调整，但应考虑承包人报价浮动因素，即调整金额按照实际调整金额乘以上述第1）款规定的承包人报价浮动率计算。

如果承包人未事先将拟实施的方案提交给发包人确认，则应视为工程变更不引起措施项目费的调整或承包人放弃调整措施项目费的权利。

3）当发包人提出的工程变更因非承包人原因删减了合同中的某项原定工

作或工程，致使承包人发生的费用或（和）得到的收益不能被包括在其他已支付或应支付的项目中，也未被包含在任何替代的工作或工程中时，承包人有权提出并应得到合理的费用及利润补偿。

4. 项目特征不符

1）发包人在招标工程量清单中对项目特征的描述，应被认为是准确的和全面的，并且与实际施工要求相符合。承包人应按照发包人提供的招标工程量清单，根据项目特征描述的内容及有关要求实施合同工程，直到项目被改变为止。

2）承包人应按照发包人提供的设计图纸实施合同工程，若在合同履行期间出现设计图纸（含设计变更）与招标工程量清单任一项目的特征描述不符，且该变化引起该项目工程造价增减变化的，应按照实际施工的项目特征，按上述"工程变更"的相关条款的规定重新确定相应工程量清单项目的综合单价，并调整合同价款。

5. 工程量清单缺项

1）合同履行期间，由于招标工程量清单中缺项，新增分部分项工程清单项目的，应按照上述"3. 工程变更"1）的规定确定单价，并调整合同价款。

2）新增分部分项工程清单项目后，引起措施项目发生变化的，应按照"3. 工程变更"2）的规定，在承包人提交的实施方案被发包人批准后调整合同价款。

3）由于招标工程量清单中措施项目缺项，承包人应将新增措施项目实施方案提交发包人批准后，按照上述"3. 工程变更"1）、2）条的规定调整合同价款。

6. 工程量偏差

1）合同履行期间，当应予计算的实际工程量与招标工程量清单出现偏差，且符合下述2）、3）的规定时，发承包双方应调整合同价款。

2）对于任一招标工程量清单项目，当因本节规定的工程量偏差和"工程变更"规定的工程变更等原因导致工程量偏差超过15%时，可进行调整。当工程量增加15%以上时，增加部分的工程量的综合单价应予调低；当工程量减少15%以上时，减少后剩余部分的工程量的综合单价应予调高。

3）当工程量出现上述第2）条的变化，且该变化引起相关措施项目相应发生变化时，按系数或单一总价方式计价的工程量增加的措施项目费调增，工程量减少的措施项目费调减。

7. 计日工

1）发包人通知承包人以计日工方式实施的零星工作，承包人应予执行。

2）采用计日工计价的任何一项变更工作，在该项变更的实施过程中，承包人应按合同约定提交下列报表和有关凭证送发包人复核。

①工作名称、内容和数量。

②投入该工作所有人员的姓名、工种、级别和耗用工时。

③投入该工作的材料名称、类别和数量。

④投入该工作的施工设备型号、台数和耗用台时。

⑤发包人要求提交的其他资料和凭证。

3）任一计日工项目持续进行时，承包人应在该项工作实施结束后的 24h 内向发包人提交有计日工记录汇总的现场签证报告一式三份。发包人在收到承包人提交现场签证报告后的 2d 内予以确认，并将其中一份返还给承包人，作为计日工计价和支付的依据。发包人逾期未确认也未提出修改意见的，应视为承包人提交的现场签证报告已被发包人认可。

4）任一计日工项目实施结束后，承包人应按照确认的计日工现场签证报告核实该类项目的工程数量，并应根据核实的工程数量和承包人已标价工程量清单中的计日工单价计算，提出应付价款；已标价工程量清单中没有该类计日工单价的，由发承包双方按上述"工程变更"的规定商定计日工单价计算。

5）每个支付期末，承包人应按照下述"10. 不可抗力"的 3）的规定向发包人提交本期间所有计日工记录的签证汇总表，并应说明本期间自己认为有权得到的计日工金额，调整合同价款，列入进度款支付。

8. 物价变化

1）合同履行期间，因人工、材料、工程设备、机械台班价格波动影响合同价款时，应根据合同约定，按附录 A 的方法之一调整合同价款。

2）承包人采购材料和工程设备的，应在合同中约定主要材料、工程设备价格变化的范围或幅度；当没有约定，且材料、工程设备单价变化超过 5% 时，超过部分的价格应按照附录 A 的方法计算调整材料、工程设备费。

3）发生合同工程工期延误的，应按照下列规定确定合同履行期的价格调整。

①因非承包人原因导致工期延误的，计划进度日期后续工程的价格，应采用计划进度日期与实际进度日期两者的较高者。

②因承包人原因导致工期延误的，计划进度日期后续工程的价格，应采用计划进度日期与实际进度日期两者的较低者。

4）发包人供应材料和工程设备的，不适用上述第 1）、2）条规定，应由发包人按照实际变化调整，列入合同工程的工程造价内。

9. 暂估价

1）发包人在招标工程量清单中给定暂估价的材料、工程设备属于依法必须招标的，应由发承包双方以招标的方式选择供应商，确定价格，并应以此为依据取代暂估价，调整合同价款。

2）发包人在招标工程量清单中给定暂估价的材料、工程设备不属于依法必须招标的，应由承包人按照合同约定采购，经发包人确认单价后取代暂估价，调整合同价款。

3）发包人在工程量清单中给定暂估价的专业工程不属于依法必须招标的，应按照上述"工程变更"相应条款的规定确定专业工程价款，并应以此为依据取代专业工程暂估价，调整合同价款。

4）发包人在招标工程量清单中给定暂估价的专业工程，依法必须招标的，应当由发承包双方依法组织招标选择专业分包人，并接受有管辖权的建设工程招标投标管理机构的监督，还应符合下列要求：

①除合同另有约定外，承包人不参加投标的专业工程发包招标，应由承包人作为招标人，但拟订的招标文件、评标工作、评标结果应报送发包人批准。与组织招标工作有关的费用应当被认为已经包括在承包人的签约合同价（投标总报价）中。

②承包人参加投标的专业工程发包招标，应由发包人作为招标人，与组织招标工作有关的费用由发包人承担。同等条件下，应优先选择承包人中标。

③应以专业工程发包中标价为依据取代专业工程暂估价，调整合同价款。

10. 不可抗力

1）因不可抗力事件导致的人员伤亡、财产损失及其费用增加，发承包双方应按下列原则分别承担并调整合同价款和工期。

① 合同工程本身的损害、因工程损害导致第三方人员伤亡和财产损失，以及运至施工场地用于施工的材料和待安装的设备的损害，应由发包人承担。

②发包人、承包人人员伤亡应由其所在单位负责，并应承担相应费用。

③承包人的施工机械设备损坏及停工损失，应由承包人承担。

④停工期间，承包人应发包人要求留在施工场地的必要的管理人员及保卫人员的费用应由发包人承担。

⑤工程所需清理、修复费用，应由发包人承担。

2）不可抗力解除后复工的，若不能按期竣工，应合理延长工期。发包人要求赶工的，赶工费用应由发包人承担。

3）因不可抗力解除合同的，应按下述"12. 误期赔偿"2）的规定办理。

11. 提前竣工（赶工补偿）

1）招标人应依据相关工程的工期定额合理计算工期，压缩的工期天数不得超过定额工期的20%，超过者，应在招标文件中明示增加赶工费用。

2）发包人要求合同工程提前竣工的，应征得承包人同意后与承包人商定采取加快工程进度的措施，并应修订合同工程进度计划。发包人应承担承包人由此增加的提前竣工（赶工补偿）费用。

3）发承包双方应在合同中约定提前竣工每日历天应补偿额度，此项费用应作为增加合同价款列入竣工结算文件中，应与结算款一并支付。

12．误期赔偿

1）承包人未按照合同约定施工，导致实际进度迟于计划进度的，承包人应加快进度，实现合同工期。合同工程发生误期，承包人应赔偿发包人由此造成的损失，并应按照合同约定向发包人支付误期赔偿费。即使承包人支付误期赔偿费，也不能免除承包人按照合同约定应承担的任何责任和应履行的任何义务。

2）发、承包双方应在合同中约定误期赔偿费，并应明确每日历天应赔额度。误期赔偿费应列入竣工结算文件中，并应在结算款中扣除。

3）在工程竣工之前，合同工程内的某单项（位）工程已通过了竣工验收，且该单项（位）工程接收证书中表明的竣工日期并未延误，而是合同工程的其他部分产生了工期延误时，误期赔偿费应按照已颁发工程接收证书的单项（位）工程造价占合同价款的比例幅度予以扣减。

13．索赔

1）当合同一方向另一方提出索赔时，应有正当的索赔理由和有效证据，并应符合合同的相关约定。

2）根据合同约定，承包人认为非承包人原因发生的事件造成了承包人的损失，应按下列程序向发包人提出索赔：

①承包人应在知道或应当知道索赔事件发生后 28d 内，向发包人提交索赔意向通知书，说明发生索赔事件的事由。承包人逾期未发出索赔意向通知书的，丧失索赔的权利。

②承包人应在发出索赔意向通知书后 28d 内，向发包人正式提交索赔通知书。索赔通知书应详细说明索赔理由和要求，并应附必要的记录和证明材料。

③索赔事件具有连续影响的，承包人应继续提交延续索赔通知，说明连续影响的实际情况和记录。

④在索赔事件影响结束后的 28d 内，承包人应向发包人提交最终索赔通知书，说明最终索赔要求，并应附必要的记录和证明材料。

3）承包人索赔应按下列程序处理：

①发包人收到承包人的索赔通知书后，应及时查验承包人的记录和证明材料。

②发包人应在收到索赔通知书或有关索赔的进一步证明材料后的 28d 内，

将索赔处理结果答复承包人，如果发包人逾期未作出答复，视为承包人索赔要求已被发包人认可。

③承包人接受索赔处理结果的，索赔款项应作为增加合同价款，在当期进度款中进行支付；承包人不接受索赔处理结果的，应按合同约定的争议解决方式办理。

4）承包人要求赔偿时，可以选择下列一项或几项方式获得赔偿：

①延长工期。

②要求发包人支付实际发生的额外费用。

③要求发包人支付合理的预期利润。

④要求发包人按合同的约定支付违约金。

5）当承包人的费用索赔与工期索赔要求相关联时，发包人在作出费用索赔的批准决定时，应结合工程延期，综合作出费用赔偿和工程延期的决定。

6）发承包双方在按合同约定办理了竣工结算后，应被认为承包人已无权再提出竣工结算前所生的任何索赔。承包人在提交的最终结清申请中，只限于提出竣工结算后的索赔，提出索赔的期限应在发承包双方最终结清时终止。

7）根据合同约定，发包人认为由于承包人的原因造成发包人的损失，宜按承包人索赔的程序进行索赔。

8）发包人要求赔偿时，可以选择下列一项或几项方式获得赔偿：

①延长质量缺陷修复期限。

②要求承包人支付实际发生的额外费用。

③要求承包人按合同的约定支付违约金。

9）承包人应付给发包人的索赔金额可从拟支付给承包人的合同价款中扣除，或由承包人以其一方式支付给发包人。

14. 现场签证

1）承包人应发包人要求完成合同以外的零星项目、非承包人责任事件等工作的，发包人应及时书面形式向承包人发出指令，并应提供所需的相关资料；承包人在收到指令后，应及时向发包人提出现场签证要求。

2）承包人应在收到发包人指令后的 7d 内向发包人提交现场签证报告，发包人应在收到现场签证报告后的 48h 内对报告内容进行核实，予以确认或提出修改意见。发包人在收到承包人现场签证报告后的 48h 内未确认也未提出修改意见的，应视为承包人提交的现场签证报告已被发包人认可。

3）现场签证的工作如已有相应的计日工单价，现场签证中应列明完成该类项目所需的人工、料、工程设备和施工机械台班的数量。

如现场签证的工作没有相应的计日工单价，应在现场签证报告中列明完成该签证工作所需的人材料设备和施工机械台班的数量及单价。

4）合同工程发生现场签证事项，未经发包人签证确认，承包人便擅自施工的，除非征得发包人面同意，否则发生的费用应由承包人承担。

5）现场签证工作完成后的 7d 内，承包人应按照现场签证内容计算价款，报送发包人确认后，为增加合同价款，与进度款同期支付。

6）在施工过程中，当发现合同工程内容因场地条件、地质水文、发包人要求等不一致时，承包人提供所需的相关资料，并提交发包人签证认可，作为合同价款调整的依据。

15. 暂列金额

1）已签约合同价中的暂列金额应由发包人掌握使用。

2）发包人按照上述第 1. 条至第 14. 条的规定支付后，暂列金额余额应归发包人所有。

七、合同价款期中支付

1. 预付款

1）承包人应将预付款专用于合同工程。

2）包工包料工程的预付款的支付比例不得低于签约合同价（扣除暂列金额）的 10%，不宜高于签约合同价（扣除暂列金额）的 30%。

3）承包人应在签订合同或向发包人提供与预付款等额的预付款保函后向发包人提交预付款支付、申请。

4）发包人应在收到支付申请的 7d 内进行核实，向承包人发出预付款支付证书，并在签发支付证书后的 7d 内向承包人支付预付款。

5）发包人没有按合同约定按时支付预付款的，承包人可催告发包人支付；发包人在预付款期满后的 7d 内仍未支付的，承包人可在付款期满后的第 8d 起暂停施工。发包人应承担由此增加的费用和延误的工期，并应向承包人支付合理利润。

6）预付款应从每一个支付期应支付给承包人的工程进度款中扣回，直到扣回的金额达到合同约定的预付款金额为止。

7）承包人的预付款保函的担保金额根据预付款扣回的数额相应递减，但在预付款全部扣回之前一直保持有效。发包人应在预付款扣完后的 14d 内将预付款保函退还给承包人。

2. 安全文明施工费

1）安全文明施工费包括的内容和使用范围，应符合国家有关文件和计量规范的规定。

2）发包人应在工程开工后的 28d 内预付不低于当年施工进度计划的安全文明施工费总额的 60%，其余部分应按照提前安排的原则进行分解，并应与进度款同期支付。

3）发包人没有按时支付安全文明施工费的，承包人可催告发包人支付；发包人在付款期满后的 7d 内仍未支付的，若发生安全事故，发包人应承担相应责任。

4）承包人对安全文明施工费应专款专用，在财务账目中应单独列项备查，不得挪作他用，否则发包人有权要求其限期改正；逾期未改正的，造成的损失和延误的工期应由承包人承担。

3. 进度款

1）发、承包双方应按照合同约定的时间、程序和方法，根据工程计量结果，办理期中价款结算，支付进度款。

2）进度款支付周期应与合同约定的工程计量周期一致。

3）已标价工程量清单中的单价项目，承包人应按工程计量确认的工程量与综合单价计算；综合单价发生调整的，以发承包双方确认调整的综合单价计算进度款。

4）已标价工程量清单中的总价项目和按照本节"五、工程计量"2）规定形成的总价合同，承包人应按合同中约定的进度款支付分解，分别列入进度款支付申请中的安全文明施工费和本周期应支付的总价项目的金额中。

5）发包人提供的甲供材料金额，应按照发包人签约提供的单价和数量从进度款支付中扣除，列入本周期应扣减的金额中。

6）承包人现场签证和得到发包人确认的索赔金额应列入本周期应增加的金额中。

7）进度款的支付比例按照合同约定，按期中结算价款总额计，不低于60%，不高于90%。

8）承包人应在每个计量周期到期后的 7d 内向发包人提交已完工程进度款支付申请一式四份详细说明此周期认为有权得到的款额，包括分包人已完工程的价款。支付申请应包括下列内容：

①累计已完成的合同价款。

②累计已实际支付的合同价款。

③本周期合计完成的合同价款。

a. 本周期已完成单价项目的金额。

b. 本周期应支付的总价项目的金额。

c. 本周期已完成的计日工价款。

d. 本周期应支付的安全文明施工费。

e. 本周期应增加的金额。

④本周期合计应扣减的金额。

a. 本周期应扣回的预付款。

b. 本周期应扣减的金额。

⑤本周期实际应支付的合同价款。

9）发包人应在收到承包人进度款支付申请后的 14d 内，根据计量结果和合同约定对申请内容予以核实，确认后向承包人出具进度款支付证书。若发承包双方对部分清单项目的计量结果出现争议，发包人应对无争议部分的工程计量结果向承包人出具进度款支付证书。

10）发包人应在签发进度款支付证书后的 14d 内，按照支付证书列明的金额向承包人支付进度款。

11）若发包人逾期未签发进度款支付证书，则视为承包人提交的进度款支付申请已被发包人认可，承包人可向发包人发出催告付款的通知。发包人应在收到通知后的 14d 内，按照承包人申请支付的金额向承包人支付进度款。

12）发包人未按照上述第 9）条到第 11）条的规定支付进度款的，承包人可催告发包人支付，并有权获得延迟支付的利息；发包人在付款期满后的 7d 内仍未支付的，承包人可在付款期满后的第 8d 起暂停施工。发包人应承担由此增加的费用和延误的工期，向承包人支付合理利润，并应承担违约责任。

13）发现已签发的任何支付证书有错、漏或重复的数额，发包人有权予以修正，承包人也有权提出修正申请。经发承包双方复核同意修正的，应在本次到期的进度款中支付或扣除。

八、竣工结算与支付

1. 一般规定

1）工程完工后，发承包双方必须在合同约定时间内办理工程竣工结算。

2）工程竣工结算应由承包人或受其委托具有相应资质的工程造价咨询人编制，并应由发包人或受其委托具有相应资质的工程造价咨询人核对。

3）当发承包双方或一方对工程造价咨询人出具的竣工结算文件有异议时，可向工程造价管理机构投诉，申请对其进行执业质量鉴定。

4）工程造价管理机构对投诉的竣工结算文件进行质量鉴定，宜按本节"十一、工程造价鉴定"的相关规定进行。

5）竣工结算办理完毕，发包人应将竣工结算文件报送工程所在地或有该工程管辖权的行业管理部门的工程造价管理机构备案，竣工结算文件应作为工程竣工验收备案、交付使用的必备文件。

2. 编制与复核

1）工程竣工结算应根据下列依据编制和复核。

①《建设工程工程量清单计价规范》GB 50500—2013。

②工程合同。

③发承包双方实施过程中已确认的工程量及其结算的合同价款。

④发承包双方实施过程中已确认调整后追加（减）的合同价款。

⑤建设工程设计文件及相关资料。

⑥投标文件。

⑦其他依据。

2）分部分项工程和措施项目中的单价项目应依据发承包双方确认的工程量与已标价工程量清单的综合单价计算；发生调整的，应按发承包双方确认调整的综合单价计算。

3）措施项目中的总价项目应依据已标价工程量清单的项目和金额计算；发生调整的，应按发承包双方确认调整的金额计算，其中安全文明施工费应按本节"一、一般规定"中5）的规定计算。

4）其他项目应按下列规定计价。

①计日工应按发包人实际签证确认的事项计算。

②暂估价应按本节"六、合同价款调整"中"9. 暂估价"的规定计算。

③总承包服务费应依据已标价工程量清单金额计算；发生调整的，应按发承包双方确认调整的金额计算。

④索赔费用应依据发承包双方确认的索赔事项和金额计算。

⑤现场签证费用应依据发承包双方签证资料确认的金额计算。

⑥暂列金额应减去合同价款调整（包括索赔、现场签证）金额计算，如有余额归发包人。

5）规费和税金应按本节"一、一般规定"中"1. 计价方式"6）的规定计算。规费中的工程排污费应按工程所在地环境保护部门规定的标准缴纳后按实列入。

6）发承包双方在合同工程实施过程中已经确认的工程计量结果和合同价款，在竣工结算办理中应直接进入结算。

3. 竣工结算

1）合同工程完工后，承包人应在经发承包双方确认的合同工程期中价款结算的基础上汇总编制完成竣工结算文件，应在提交竣工验收申请的同时向发包人提交竣工结算文件。

承包人未在合同约定的时间内提交竣工结算文件，经发包人催告后14d内仍未提交或没有明确答复的，发包人有权根据已有资料编制竣工结算文件，作为办理竣工结算和支付结算款的依据，承包人应予以认可。

2）发包人应在收到承包人提交的竣工结算文件后的28d内核对。发包人经核实，认为承包人还应进一步补充资料和修改结算文件，应在上述时限内向承包人提出核实意见，承包人在收到核实意见后的28d内应按照发包人提出的合理要求补充资料，修改竣工结算文件，并应再次提交给发包人复核后批准。

3）发包人应在收到承包人再次提交的竣工结算文件后的 28d 内予以复核，将复核结果通知承包人，并应遵守下列规定：

①发包人、承包人对复核结果无异议的，应在 7d 内在竣工结算文件上签字确认，竣工结算办理完毕。

②发包人或承包人对复核结果认为有误的，无异议部分按照上述第 1）条规定办理不完全竣工结算；有异议部分由发承包双方协商解决；协商不成的，应按照合同约定的争议解决方式处理。

4）发包人在收到承包人竣工结算文件后的 28d 内，不核对竣工结算或未提出核对意见的，应视为承包人提交的竣工结算文件已被发包人认可，竣工结算办理完毕。

5）承包人在收到发包人提出的核实意见后的 28d 内，不确认也未提出异议的，应视为发包人提出的核实意见已被承包人认可，竣工结算办理完毕。

6）发包人委托工程造价咨询人核对竣工结算的，工程造价咨询人应在 28d 内核对完毕，核对结论与承包人竣工结算文件不一致的，应提交给承包人复核；承包人应在 14d 内将同意核对结论或不同意见的说明提交工程造价咨询人。工程造价咨询人收到承包人提出的异议后，应再次复核，复核无异议的，应按上述第 3）条①的规定办理，复核后仍有异议的，按上述第 3）条②的规定办理。

承包人逾期未提出书面异议的，应视为工程造价咨询人核对的竣工结算文件已经承包人认可。

7）对发包人或发包人委托的工程造价咨询人指派的专业人员与承包人指派的专业人员经核对后无异议并签名确认的竣工结算文件，除非发承包人能提出具体、详细的不同意见，发承包人都应在竣工结算文件上签名确认，如其中一方拒不签认的，按下列规定办理：

①若发包人拒不签认的，承包人可不提供竣工验收备案资料，并有权拒绝与发包人或其上级部门委托的工程造价咨询人重新核对竣工结算文件。

②若承包人拒不签认的，发包人要求办理竣工验收备案的，承包人不得拒绝提供竣工验收资料，否则，由此造成的损失，承包人承担相应责任。

8）合同工程竣工结算核对完成，发承包双方签字确认后，发包人不得要求承包人与另一个或多个工程造价咨询人重复核对竣工结算。

9）发包人对工程质量有异议，拒绝办理工程竣工结算的，已竣工验收或已竣工未验收但实际投入使用的工程，其质量争议应按该工程保修合同执行，竣工结算应按合同约定办理；已竣工未验收且未实际投入使用的工程及停工、停建工程的质量争议，双方应就有争议的部分委托有资质的检测鉴定机构进行检测，并应根据检测结果确定解决方案，或按工程质量监督机构的处理决定执行后办理竣工结算，无争议部分的竣工结算应按合同约定办理。

4. 结算款支付

1）承包人应根据办理的竣工结算文件向发包人提交竣工结算款支付申请。申请应包括下列内容：

①竣工结算合同价款总额。

②累计已实际支付的合同价款。

③应预留的质量保证金。

④实际应支付的竣工结算款金额。

2）发包人应在收到承包人提交竣工结算款支付申请后 7d 内予以核实，向承包人签发竣工结算支付证书。

3）发包人签发竣工结算支付证书后的 14d 内，应按照竣工结算支付证书列明的金额向承包人支付结算款。

4）发包人在收到承包人提交的竣工结算款支付申请后 7d 内不予核实，不向承包人签发竣工结算支付证书的，视为承包人的竣工结算款支付申请已被发包人认可；发包人应在收到承包人提交的竣工结算款支付申请 7d 后的 14d 内，按照承包人提交的竣工结算款支付申请列明的金额向承包人支付结算款。

5）发包人未按照上述第 3）条、第 4）条规定支付竣工结算款的，承包人可催告发包人支付，并有权获得延迟支付的利息。发包人在竣工结算支付证书签发后或者在收到承包人提交的竣工结算款支付申请 7d 后的 56d 内仍未支付的，除法律另有规定外，承包人可与发包人协商将该工程折价，也可直接向人民法院申请将该工程依法拍卖。承包人应就该工程折价或拍卖的价款优先受偿。

5. 质量保证金

1）发包人应按照合同约定的质量保证金比例从结算款中预留质量保证金。

2）承包人未按照合同约定履行属于自身责任的工程缺陷修复义务的，发包人有权从质量保证金中扣除用于缺陷修复的各项支出。经查验，工程缺陷属于发包人原因造成的，应由发包人承担查验和缺陷修复的费用。

3）在合同约定的缺陷责任期终止后，发包人应按照下面"最终结清"的规定，将剩余的质量保证金返还给承包人。

6. 最终结清

1）缺陷责任期终止后，承包人应按照合同约定向发包人提交最终结清支付申请。发包人对最终结清支付申请有异议的，有权要求承包人进行修正和提供补充资料。承包人修正后，应再次向发包人提交修正后的最终结清支付申请。

2）发包人应在收到最终结清支付申请后的 14d 内予以核实，并应向承包人签发最终结清支付证书。

3）发包人应在签发最终结清支付证书后的 14d 内，按照最终结清支付证书列明的金额向承包人支付最终结清款。

4）发包人未在约定的时间内核实，又未提出具体意见的，应视为承包人提交的最终结清支付申请已被发包人认可。

5）发包人未按期最终结清支付的，承包人可催告发包人支付，并有权获得延迟支付的利息。

6）最终结清时，承包人被预留的质量保证金不足以抵减发包人工程缺陷修复费用的，承包人应承担不足部分的补偿责任。

7）承包人对发包人支付的最终结清款有异议的，应按照合同约定的争议解决方式处理。

九、合同解除的价款结算与支付

1）发承包双方协商一致解除合同的，应按照达成的协议办理结算和支付合同价款。

2）由于不可抗力致使合同无法履行解除合同的，发包人应向承包人支付合同解除之日前已完成工程但尚未支付的合同价款，此外，还应支付下列金额：

①本章节"六、合同价款调整中"中"11. 提前竣工（赶工补偿）"1）的规定的由发包人承担的费用。

②已实施或部分实施的措施项目应付价款。

③承包人为合同工程合理订购且已交付的材料和工程设备货款。

④承包人撤离现场所需的合理费用，包括员工遣送费和临时工程拆除、施工设备运离现场的费用。

⑤承包人为完成合同工程而预期开支的任何合理费用，且该项费用未包括在本款其他各项支付之内。发承包双方办理结算合同价款时，应扣除合同解除之日前发包人应向承包人收回的价款。当发包人应扣除的金额超过了应支付的金额，承包人应在合同解除后的 56d 内将其差额退还给发包人。

3）因承包人违约解除合同的，发包人应暂停向承包人支付任何价款。发包人应在合同解除后 28d 内核实合同解除时承包人已完成的全部合同价款，以及按施工进度计划已运至现场的材料和工程设备货款，按合同约定核算承包人应支付的违约金及造成损失的索赔金额，并将结果通知承包人。发承包双方应在 28d 内予以确认或提出意见，并应办理结算合同价款。如果发包人应扣除的金额超过了应支付的金额，承包人应在合同解除后的 56d 内将其差额退还给发包人。发承包双方不能就解除合同后的结算达成一致的，按照合同约定的争议解决方式处理。

4）因发包人违约解除合同的，发包人除应按照上述第 2）条的规定向承包人支付各项价款外，应按合同约定核算发包人应支付的违约金及给承包人造成损失或损害的索赔金额费用。该笔费用应由承包人提出，发包人核实后应与承包人协商确定后的 7d 内向承包人签发支付证书。协商不能达成一致的，应按照合同约定的争议解决方式处理。

十、合同价款争议的解决

1. 监理或造价工程师暂定

1）若发包人和承包人之间就工程质量、进度、价款支付与扣除、工期延期、索赔、价款调整等发生任何法律上、经济上或技术上的争议，首先应根据已签约合同的规定，提交给合同约定职责范围内的总监理工程师或造价工程师解决，并应抄送另一方。总监理工程师或造价工程师在收到此提交件后 14d 内应将暂定结果通知发包人和承包人。发承包双方对暂定结果认可的，应以书面形式予以确认，暂定结果成为最终决定。

2）发承包双方在收到总监理工程师或造价工程师的暂定结果通知之后的 14d 内未对暂定结果予以确认也未提出不同意见的，应视为发承包双方已认可该暂定结果。

3）发承包双方或一方不同意暂定结果的，应以书面形式向总监理工程师或造价工程师提出，说明自己认为正确的结果，同时抄送另一方，此时该暂定结果成为争议。在暂定结果对发承包双方当事人履约不产生实质影响的前提下，发承包双方应实施该结果，直到按照发承包双方认可的争议解决办法被改变为止。

2. 管理机构的解释或认定

1）合同价款争议发生后，发承包双方可就工程计价依据的争议以书面形式提请工程造价管理机构对争议以书面文件进行解释或认定。

2）工程造价管理机构应在收到申请的 10 个工作日内就发承包双方提请的争议问题进行解释或认定。

3）发承包双方或一方在收到工程造价管理机构书面解释或认定后仍可按照合同约定的争议解决方式提请仲裁或诉讼。除工程造价管理机构的上级管理部门作出了不同的解释或认定，或在仲裁裁决或法院判决中不予采信的外，工程造价管理机构作出的书面解释或认定应为最终结果，并应对发承包双方均有约束力。

3. 协商和解

1）合同价款争议发生后，发承包双方任何时候都可以进行协商。协商达成一致的，双方应签订书面和解协议，和解协议对发承包双方均有约束力。

2）如果协商不能达成一致协议，发包人或承包人都可以按合同约定的其他方式解决争议。

4. 调解

1）发承包双方应在合同中约定或在合同签订后共同约定争议调解人，负责双方在合同履行过程中发生争议的调解。

2）合同履行期间，发承包双方可协议调换或终止任何调解人，但发包人或承包人都不能单独采取行动。除非双方另有协议，在最终结清支付证书生效后，调解人的任期应即终止。

3）如果发承包双方发生了争议，任何一方可将该争议以书面形式提交调解人，并将副本抄送另一方，委托调解人调解。

4）发承包双方应按照调解人提出的要求，给调解人提供所需要的资料、现场进入权及相应设施。调解人应被视为不是在进行仲裁人的工作。

5）调解人应在收到调解委托后28d内或由调解人建议并经发承包双方认可的其他期限内提出调解书，发承包双方接受调解书的，经双方签字后作为合同的补充文件，对发承包双方均具有约束力，双方都应立即遵照执行。

6）当发承包双方中任一方对调解人的调解书有异议时，应在收到调解书后28d内向另一方发出异议通知，并应说明争议的事项和理由。除非并直到调解书在协商和解或仲裁裁决、诉讼判决中作出修改，或合同已经解除，承包人应继续按照合同实施工程。

7）当调解人已就争议事项向发承包双方提交了调解书，而任一方在收到调解书后28d内均未发出表示异议的通知时，调解书对发承包双方应均具有约束力。

5. 仲裁、诉讼

1）发承包双方的协商和解或调解均未达成一致意见，其中的一方已就此争议事项根据合同约定的仲裁协议申请仲裁，应同时通知另一方。

2）仲裁可在竣工之前或之后进行，但发包人、承包人、调解人各自的义务不得因在工程实施期间进行仲裁而有所改变。当仲裁是在仲裁机构要求停止施工的情况下进行时，承包人应对合同工程采取保护措施，由此增加的费用应由败诉方承担。

3）在上述第1.条至第4.条规定的期限之内，暂定或和解协议或调解书已经有约束力的情况下，当发承包中一方未能遵守暂定或和解协议或调解书时，另一方可在不损害他可能具有的任何其他权利的情况下，将未能遵守暂定或不执行和解协议或调解书达成的事项提交仲裁。

4）发包人、承包人在履行合同时发生争议，双方不愿和解、调解或者和解、调解不成，又没有达成仲裁协议的，可依法向人民法院提起诉讼。

十一、工程造价鉴定

1. 一般规定

1）在工程合同价款纠纷案件处理中，需作工程造价司法鉴定的，应委托具有相应资质的工程造价咨询人进行。

2）工程造价咨询人接受委托时提供工程造价司法鉴定服务，应按仲裁、诉讼程序和要求进行，并应符合国家关于司法鉴定的规定。

3）工程造价咨询人进行工程造价司法鉴定时，应指派专业对口、经验丰富的注册造价工程师承担鉴定工作。

4）工程造价咨询人应在收到工程造价司法鉴定资料后 10d 内，根据自身专业能力和证据资料判断能否胜任该项委托，如不能，应辞去该项委托。工程造价咨询人不得在鉴定期满后以上述理由不作出鉴定结论，影响案件处理。

5）接受工程造价司法鉴定委托的工程造价咨询人或造价工程师如是鉴定项目一方当事人的近亲属或代理人、咨询人及其他关系可能影响鉴定公正的，应当自行回避；未自行回避，鉴定项目委托人以该理由要求其回避的，必须回避。

6）工程造价咨询人应当依法出庭接受鉴定项目当事人对工程造价司法鉴定意见书的质询。如确因特殊原因无法出庭的，经审理该鉴定项目的仲裁机关或人民法院准许，可以书面形式答复当事人的质询。

2. 取证

1）工程造价咨询人进行工程造价鉴定工作时，应自行收集以下（但不限于）鉴定资料。

①适用于鉴定项目的法律、法规、规章、规范性文件及规范、标准、定额。

②鉴定项目同时期同类型工程的技术经济指标及其各类要素价格等。

2）工程造价咨询人收集鉴定项目的鉴定依据时，应向鉴定项目委托人提出具体书面要求，其内容包括：

①与鉴定项目相关的合同、协议及其附件。

②相应的施工图纸等技术经济文件。

③施工过程中的施工组织、质量、工期和造价等工程资料。

④存在争议的事实及各方当事人的理由。

⑤其他有关资料。

3）工程造价咨询人在鉴定过程中要求鉴定项目当事人对缺陷资料进行补

充的，应征得鉴定项目委托人同意，或者协调鉴定项目各方当事人共同签认。

4）根据鉴定工作需要现场勘验的，工程造价咨询人应提请鉴定项目委托人组织各方当事人对被鉴定项目所涉及的实物标的进行现场勘验。

5）勘验现场应制作勘验记录、笔录或勘验图表，记录勘验的时间、地点、勘验人、在场人、勘验经过、结果，由勘验人、在场人签名或者盖章确认。绘制的现场图应注明绘制的时间、测绘人姓名、身份等内容。必要时应采取拍照或摄像取证，留下影像资料。

6）鉴定项目当事人未对现场勘验图表或勘验笔录等签字确认的，工程造价咨询人应提请鉴定项目委托人决定处理意见，并在鉴定意见书中作出表述。

3. 鉴定

1）工程造价咨询人在鉴定项目合同有效的情况下应根据合同约定进行鉴定，不得任意改变双方合法的合意。

2）工程造价咨询人在鉴定项目合同无效或合同条款约定不明确的情况下应根据法律法规、相关国家标准和《建设工程工程量清单计价规范》GB 50500—2013 的规定，选择相应专业工程的计价依据和方法进行鉴定。

3）工程造价咨询人出具正式鉴定意见书之前，可报请鉴定项目委托人向鉴定项目各方当事人发出鉴定意见书征求意见稿，并指明应书面答复的期限及其不答复的相应法律责任。

4）工程造价咨询人收到鉴定项目各方当事人对鉴定意见书征求意见稿的书面复函后，应对不同意见认真复核，修改完善后再出具正式鉴定意见书。

5）工程造价咨询人出具的工程造价鉴定书应包括下列内容：

①鉴定项目委托人名称、委托鉴定的内容。

②委托鉴定的证据材料。

③鉴定的依据及使用的专业技术手段。

④对鉴定过程的说明。

⑤明确的鉴定结论。

⑥其他需说明的事宜。

⑦工程造价咨询人盖章及注册造价工程师签名盖执业专用章。

6）工程造价咨询人应在委托鉴定项目的鉴定期限内完成鉴定工作，如确因特殊原因不能在原定期限内完成鉴定工作时，应按照相应法规提前向鉴定项目委托人申请延长鉴定期限，并应在此期限内完成鉴定工作。

经鉴定项目委托人同意等待鉴定项目当事人提交、补充证据的，质证所用的时间不应计入鉴定期限。

7）对于已经出具的正式鉴定意见书中有部分缺陷的鉴定结论，工程造价咨询人应通过补充鉴定作出补充结论。

十二、工程计价资料与档案

1. 计价资料

1) 发承包双方应当在合同中约定各自在合同工程中现场管理人员的职责范围，双方现场管理人员在职责范围内签字确认的书面文件是工程计价的有效凭证，但如有其他有效证据或经实证证明其是虚假的除外。

2) 发承包双方不论在何种场合对与工程计价有关的事项所给予的批准、证明、同意、指令、商定、确定、确认、通知和请求，或表示同意、否定、提出要求和意见等，均应采用书面形式，口头指令不得作为计价凭证。

3) 任何书面文件送达时，应由对方签收，通过邮寄应采用挂号、特快专递传送，或以发承包双方商定的电子传输方式发送，交付、传送或传输至指定的接收人的地址。如接收人通知了另外地址时，随后通信信息应按新地址发送。

4) 发承包双方分别向对方发出的任何书面文件，均应将其抄送现场管理人员，如系复印件应加盖合同工程管理机构印章，证明与原件相同。双方现场管理人员向对方所发任何书面文件，也应将其复印件发送给发承包双方，复印件应加盖合同工程管理机构印章，证明与原件相同。

5) 发承包双方均应当及时签收另一方送达其指定接收地点的来往信函，拒不签收的，送达信函的一方可以采用特快专递或者公证方式送达，所造成的费用增加（包括被迫采用特殊送达方式所发生的费用）和延误的工期由拒绝签收一方承担。

6) 书面文件和通知不得扣压，一方能够提供证据证明另一方拒绝签收或已送达的，应视为对方已签收并应承担相应责任。

2. 计价档案

1) 发承包双方及工程造价咨询人对具有保存价值的各种载体的计价文件，均应收集齐全，整理立卷后归档。

2) 发承包双方和工程造价咨询人应建立完善的工程计价档案管理制度，并应符合国家和有关部门发布的档案管理相关规定。

3) 工程造价咨询人归档的计价文件，保存期不宜少于5年。

4) 归档的工程计价成果文件应包括纸质原件和电子文件，其他归档文件及依据可为纸质原件、复印件或电子文件。

5) 归档文件应经过分类整理，并应组成符合要求的案卷。

6) 归档可以分阶段进行，也可以在项目竣工结算完成后进行。

7) 向接受单位移交档案时，应编制移交清单，双方签字、盖章后方可交接。

第五章 电气工程工程量计算

第一节 变压器安装工程量计算

一、变压器安装清单工程量计算规则

变压器安装工程量清单项目设置、项目特征描述的内容、计量单位及工程量计算规则，应按表5-1的规定执行。

表5-1 变压器安装（编码：030401）

项目编码	项目名称	项目特征	计量单位	工程量计算规则	工作内容
030401001	油浸电力变压器	1. 名称 2. 型号 3. 容量（kV·A） 4. 电压（kV） 5. 油过滤要求 6. 干燥要求 7. 基础型钢形式、规格 8. 网门、保护门材质、规格 9. 温控箱型号、规格	台	按设计图示数量计算	1. 本体安装 2. 基础型钢制作、安装 3. 油过滤 4. 干燥 5. 接地 6. 网门、保护门制作、安装 7. 补刷（喷）油漆
030401002	干式变压器				1. 本体安装 2. 基础型钢制作、安装 3. 温控箱安装 4. 接地 5. 网门、保护门制作、安装 6. 补刷（喷）油漆
030401003	整流变压器	1. 名称 2. 型号 3. 容量（kV·A） 4. 电压（kV） 5. 油过滤要求 6. 干燥要求 7. 基础型钢形式、规格 8. 网门、保护门材质、规格			1. 本体安装 2. 基础型钢制作、安装 3. 油过滤 4. 干燥 5. 网门、保护门制作、安装 6. 补刷（喷）油漆

续表

项目编码	项目名称	项目特征	计量单位	工程量计算规则	工作内容
030401004	自耦变压器	1. 名称 2. 型号 3. 容量（kV·A） 4. 电压（kV） 5. 油过滤要求 6. 干燥要求 7. 基础型钢形式、规格 8. 网门、保护门材质、规格	台	按设计图示数量计算	1. 本体安装 2. 基础型钢制作、安装 3. 油过滤 4. 干燥 5. 网门、保护门制作、安装 6. 补刷（喷）油漆
030401005	有载调压变压器				
030401006	电炉变压器	1. 名称 2. 型号 3. 容量（kV·A） 4. 电压（kV） 5. 基础型钢形式、规格 6. 网门、保护门材质、规格			1. 本体安装 2. 基础型钢制作、安装 3. 网门、保护门制作、安装 4. 补刷（喷）油漆
030401007	消弧线圈	1. 名称 2. 型号 3. 容量（kV·A） 4. 电压（kV） 5. 油过滤要求 6. 干燥要求 7. 基础型钢形式、规格			1. 本体安装 2. 基础型钢制作、安装 3. 油过滤 4. 干燥 5. 补刷（喷）油漆

注：变压器油如需试验、化验、色谱分析应按规范《通用安装工程工程量计算规范》GB 50856—2013 附录 N 措施项目相关项目编码列项。

二、变压器安装定额工程量计算规则

1. 定额工程量计算规则

1）变压器安装，按不同容量以"台"为计量单位。

2）干式变压器如果带有保护罩时，其定额人工和机械乘以系数 2.0。

3）变压器通过试验，判定绝缘受潮时才需进行干燥，所以只有需要干燥的变压器才能计取此项费用（编制施工图预算时可列此项，工程结算时根据实际情况再作处理），以"台"为计量单位。

4）消弧线圈的干燥按同容量电力变压器干燥定额执行，以"台"为计量单位。

5）变压器油过滤不论过滤多少次，直到过滤合格为止，以"t"为计量单位，其具体计算方法如下：

①变压器安定定额未包括绝缘油的过滤，需要过滤时，可按制造厂提供的油量计算。

②油断路器及其他充油设备的绝缘油过滤，可按制造厂规定的充油量计算。

2. 定额工程量计算说明

1）油浸电力变压器安装定额同样适用于自耦式变压器、带负荷调压变压器及并联电抗器的安装。电炉变压器按同容量电力变压器定额乘以系数 2.0，整流变压器执行同容量电力变压器定额乘以系数 1.60。

2）变压器的器身检查：1000kV·A 以下是按吊芯检查考虑，4000kV·A 以上是按吊钟罩考虑；如果 4000kV·A 以上的变压器需吊芯检查时，定额机械乘以系数 2.0。

3）干式变压器如果带有保护外罩时，人工和机械乘以系数 1.2。

4）整流变压器、消弧线圈、并联电抗器的干燥，执行同容量变压器干燥定额。电炉变压器执行同容量变压器干燥定额乘以系数 2.0。

5）变压器油是按设备带来考虑的，但施工中变压器油的过滤损耗及操作损耗已包括在有关定额中。

6）变压器安装过程中放注油、油过滤所使用的油罐，已摊入油过滤定额中。

7）本定额不包括的工作内容：

①变压器干燥棚的搭拆工作，若发生时可按实计算。

②变压器铁梯及母线铁构件的制作、安装，另执行铁构件制作、安装定额。

③瓦斯继电器的检查及试验已列入变压器系统调整试验定额内。

④端子箱、控制箱的制作、安装，执行相应定额。

⑤二次喷漆发生时按相应定额执行。

三、变压器安装工程量计算实例

【例 5-1】 某工厂食堂配有 1 台容量为 100kV·A 的干式变压器和 1 台容量为 1500kW 的空冷式发电机。试计算其工程量。

【解】

（1）清单工程量 清单工程量计算表见表 5-2。

表 5-2 清单工程量计算表

序号	项目编码	项目名称	项目特征描述	工程数量	计量单位
1	030401002001	干式变压器	干式变压器，容量为 100kV·A	1	台
2	030406001001	发电机	空冷式发电机，容量为 1500kW	1	台

(2）定额工程量。

1）干式变压器定额工程量。

①干式变压器，100kV·A 1 台（套用《全国统一安装工程预算定额》2—8）

a. 人工费：174.61 元/台×1 台＝174.61 元

b. 材料费：111.75 元/台×1 台＝111.75 元

c. 机械费：62.18 元/台×1 台＝62.18 元

②综合。

a. 直接费合计：（174.61＋111.75＋62.18）元＝348.54 元

b. 管理费：348.54 元×34％＝118.50 元

c. 利润：348.54 元×8％＝27.88 元

d. 总计：（348.54＋118.50＋27.88）元＝494.92 元

e. 综合单价：494.92 元/1 台＝494.92 元/台

2）发电机定额工程量。

①空冷式发电机，1500kW 1 台（套用《全国统一安装工程预算定额》2—427）

a. 人工费：1235.77 元/台×1 台＝1235.77 元

b. 材料费：397.75 元/台×1 台＝397.75 元

c. 机械费：1701.34 元/台×1 台＝1701.34 元

②综合。

a. 直接费合计：（1235.77＋397.75＋1701.34）元＝3334.86 元

b. 管理费：3334.86 元×34％＝1133.85 元

c. 利润：3334.86 元×8％＝266.79 元

d. 总计：（3334.86＋1133.85＋266.79）元＝4735.50 元

e. 综合单价：4735.50 元/1 台＝4735.50 元/台

【例 5 - 2】 某工程需要安装 1 台油浸式电力变压器安装，型号 SL1—500kV·A/10kV，基础型钢制作、安装。请计算清单工程量并编制工程量清单综合单价表。

【解】

1）油浸式电力变压器安装，SL1—500kV·A/10kV 1 台（套用《全国统一安装工程预算定额》2—2）。

①人工费：274.92 元/台×1 台＝274.92 元

②材料费：188.65 元/台×1 台＝188.65 元

③机械费：273.16 元/台×1 台＝273.16 元

2）铁梯、扶手等构件制作、安装 1.1kg（套用《全国统一安装工程预算定额》2－358、2－359)。

①人工费：(2.51＋1.63)元×1.1＝4.55元

②材料费：(1.32＋0.24)元×1.1＝1.72元

③机械费：(0.41＋0.25)元×1.1＝0.73元

3）综合。

①直接费合计：743.73元

②管理费：743.73元×34％＝252.87元

③利润：743.73元×8％＝59.50元

④总计：(743.73＋252.87＋59.50)元＝1056.1元

⑤综合单价：1056.1元÷1＝1056.1元

分部分项工程和单价措施项目清单与计价表见表5－3，综合单价分析表见表5－4。

表5-3　分部分项工程和单价措施项目清单与计价表

工程名称：××工程　　　　　　　　　　　　　　　　　　　　　　第　页　共　页

项目编号	项目名称	项目特征描述	计量单位	工程量	金额/元		
					综合单价	合价	其中
							暂估价
030401001001	油浸式电力变压器安装	SL1－500kV・A/10kV，基础型钢制作安装	台	1	1056.1	1056.1	

表5-4　综合单价分析表

工程名称：××工程　　　　　　　　　　　　　　　　　　　　　　第　页　共　页

项目编号	030401001001	项目名称	油浸式电力变压器安装	计量单位	台	工程数量	1

清单综合单价组成明细

定额编号	定额内容	定额单位	数量	单价/元				合价/元			
				人工费	材料费	机械费	管理费和利润	人工费	材料费	机械费	管理费和利润
2－2	油浸式电力变压器安装 SL1－500	台	1	274.92	188.65	273.16	309.43	274.92	188.65	273.16	309.43
2－358 2－359	铁梯、扶手等构件制作、安装	kg	1.1	4.14	1.56	0.66	2.94	4.55	1.72	0.73	2.94
人工单价			小计					279.47	190.37	273.89	312.37
25元/工日			未计价材料费					—			
清单项目综合单价/元								1056.1			

第二节　配电装置安装工程量计算

一、配电装置安装清单工程量计算规则

配电装置安装工程量清单项目设置、项目特征描述的内容、计量单位及工程量计算规则，应按表 5-5 的规定执行。

表 5-5　配电装置安装（编码：030402）

项目编码	项目名称	项目特征	计量单位	工程量计算规则	工作内容
030402001	油断路器	1. 名称 2. 型号 3. 容量（A） 4. 电压等级（V） 5. 安装条件 6. 操作机构名称及型号 7. 基础型钢规格 8. 接线材质、规格 9. 安装部位 10. 油过滤要求	台	按设计图示数量计算	1. 本体安装、调试 2. 基础型钢制作、安装 3. 油过滤 4. 补刷（喷）油漆 5. 接地
030402002	真空断路器				1. 本体安装、调试 2. 基础型钢制作、安装 3. 补刷（喷）油漆 4. 接地
030402003	SF$_6$ 断路器				
030402004	空气断路器	1. 名称 2. 型号 3. 容量（A） 4. 电压等级（V） 5. 安装条件 6. 操作机构名称及型号 7. 接线材质、规格 8. 安装部位	台		1. 本体安装、调试 2. 基础型钢制作、安装 3. 补刷（喷）油漆 4. 接地
030402005	真空接触器				1. 本体安装、调试 2. 补刷（喷）油漆 3. 接地
030402006	隔离开关		组		
030402007	负荷开关				
030402008	互感器	1. 名称 2. 型号 3. 规格 4. 类型 5. 油过滤要求	台		1. 本体安装、调试 2. 干燥 3. 油过滤 4. 接地
030402009	高压熔断器	1. 名称 2. 型号 3. 规格 4. 安装部位	组		1. 本体安装、调试 2. 接地
030402010	避雷器	1. 名称 2. 型号 3. 规格 4. 电压等级 5. 安装部位			1. 本体安装 2. 接地

续表

项目编码	项目名称	项目特征	计量单位	工程量计算规则	工作内容
030402011	干式电抗器	1. 名称 2. 型号 3. 规格 4. 质量 5. 安装部位 6. 干燥要求	组	按设计图示数量计算	1. 本体安装 2. 干燥
030402012	油浸电抗器	1. 名称 2. 型号 3. 规格 4. 容量（kV·A） 5. 油过滤要求 6. 干燥要求	台		1. 本体安装 2. 油过滤 3. 干燥
030402013	移相及串联电容器	1. 名称 2. 型号 3. 规格 4. 质量 5. 安装部位	个		1. 本体安装 2. 接地
030402014	集合式并联电容器				
030402015	并联补偿电容器组架	1. 名称 2. 型号 3. 规格 4. 结构形式	台		1. 本体安装 2. 接地
030402016	交流滤波装置组架	1. 名称 2. 型号 3. 规格			
030402017	高压成套配电柜	1. 名称 2. 型号 3. 规格 4. 母线配置方式 5. 种类 6. 基础型钢形式、规格	台		1. 本体安装、调试 2. 基础型钢制作、安装 3. 补刷（喷）油漆 4. 接地
030402018	组合型成套箱式变电站	1. 名称 2. 型号 3. 容量（kV·A） 4. 电压（V） 5. 组合形式 6. 基础规格、浇筑材质			1. 本体安装 2. 基础浇筑 2. 进箱母线安装 4. 补刷（喷）油漆 5. 接地

注：1. 空气断路器的储气罐及储气罐至断路器的管路应按规范《通用安装工程工程量计算规范》GB 50856—2013 附录 H 工业管道工程相关项目编码列项。

2. 干式电抗器项目适用于混凝土电抗器、铁芯干式电抗器、空心干式电抗器等。

3. 设备安装未包括地脚螺栓、浇筑（二次灌浆、抹面），如需安装应按现行国家标准《房屋建筑与装饰工程工程量计算规范》GB 50854—2013 相关项目编码列项。

二、配电装置安装定额工程量计算规则

1. 定额工程量计算规则

1）断路器、电流互感器、电压互感器、油浸电抗器、电力电容器及电容器柜的安装，以"台（个）"为计量单位。

2）隔离开关、负荷开关、熔断器、避雷器、干式电抗器的安装，以"组"为计量单位，每组按三相计算。

3）交流滤波装置的安装以"台"为计量单位。每套滤波装置包括三台组架安装，不包括设备本身及铜母线的安装，其工程量应按相应定额另行计算。

4）高压设备安装定额内均不包括绝缘台的安装，其工程量应按施工图设计执行相应定额。

5）高压成套配电柜和箱式变电站的安装以"台"为计量单位，均未包括基础槽钢、母线及引下线的配置安装。

6）配电设备安装的支架、抱箍及延长轴、轴套、间隔板等，按施工图设计的需要量计算，执行铁构件制作安装定额或成品价。

7）绝缘油、六氟化硫气体、液压油等均按设备带有考虑。电气设备以外的加压设备和附属管道的安装应按相应定额另行计算。

8）配电设备的端子板外部接线，应按相应定额另行计算。

9）设备安装用的地脚螺栓按土建预埋考虑，不包括二次灌浆。

2. 定额工程量计算说明

1）设备本体所需的绝缘油、六氟化硫气体、液压油等均按设备带有考虑。

2）本设备安装定额不包括下列工作内容，另执行下列相应定额：

①端子箱安装。

②设备支架制作及安装。

③绝缘油过滤。

④基础槽（角）钢安装。

3）设备安装所需的地脚螺栓按土建预埋考虑，不包括二次灌浆。

4）互感器安装定额系按单相考虑，不包括抽芯及绝缘油过滤。特殊情况另作处理。

5）电抗器安装定额系按三相叠放、三相平放和二叠一平的安装方式综合考虑，不论何种安装方式，均不作换算，一律执行本定额。干式电抗器安装定额适用于混凝土电抗器、铁芯干式电抗器和空心电抗器等干式电抗器的安装。

6）高压成套配电柜安装定额系综合考虑的，不分容量大小，也不包括母线配制及设备干燥。

7）低压无功补偿电容器屏（柜）安装列入本定额的控制设备及低压电

器中。

8）组合型成套箱式变电站主要是指10kV以下的箱式变电站，一般布置形式为变压器在箱的中间，箱的一端为高压开关位置，另一端为低压开关位置。组合型低压成套配电装置，外形像一个大型集装箱，内装6～24台低压配电箱（屏），箱的两端开门，中间为通道，称为"集装箱式低压配电室"。该内容列入本定额的控制设备及低压电器中。

第三节　母线安装工程量计算

一、母线安装清单工程量计算规则

母线安装工程量清单项目设置、项目特征描述的内容、计量单位及工程量计算规则，应按表5-6的规定执行。

表5-6　母线安装（编码：030403）

项目编码	项目名称	项目特征	计量单位	工程量计算规则	工作内容
030403001	软母线	1. 名称 2. 材质 3. 型号 4. 规格 5. 绝缘子类型、规格	m	按设计图示尺寸以单相长度计算（含预留长度）	1. 母线安装 2. 绝缘子耐压试验 3. 跳线安装 4. 绝缘子安装
030403002	组合软母线				
030403003	带形母线	1. 名称 2. 型号 3. 规格 4. 材质 5. 绝缘子类型、规格 6. 穿墙套管材质、规格 7. 穿通板材质、规格 8. 母线桥材质、规格 9. 引下线材质、规格 10. 伸缩节、过渡板材质、规格 11. 分相漆品种			1. 母线安装 2. 穿通板制作、安装 3. 支持绝缘子、穿墙套管的耐压试验、安装 4. 引下线安装 5. 伸缩节安装 6. 过渡板安装 7. 刷分相漆
030403004	槽形母线	1. 名称 2. 型号 3. 规格 4. 材质 5. 连接设备名称、规格 6. 分相漆品种			1. 母线制作、安装 2. 与发电机、变压器连接 3. 与断路器、隔离开关连接 4. 刷分相漆

续表

项目编码	项目名称	项目特征	计量单位	工程量计算规则	工作内容
030403005	共箱母线	1. 名称 2. 型号 3. 规格 4. 材质	m	按设计图示尺寸以中心线长度计算	1. 母线安装 2. 补刷（喷）油漆
030403006	低压封闭式接插母线槽	1. 名称 2. 型号 3. 规格 4. 容量（A） 5. 线制 6. 安装部位			
030403007	始端箱、分线箱	1. 名称 2. 型号 3. 规格 4. 容量（A）	台	按设计图示数量计算	1. 本体安装 2. 补刷（喷）油漆
030403008	重型母线	1. 名称 2. 型号 3. 规格 4. 容量（A） 5. 材质 6. 绝缘子类型、规格 7. 伸缩器及导板规格	t	按设计图示尺寸以质量计算	1. 母线制作、安装 2. 伸缩器及导板制作、安装 3. 支持绝缘子安装 4. 补刷（喷）油漆

注：1. 软母线安装预留长度见表 5-7。

2. 硬母线配置安装预留长度见表 5-8。

表 5-7 软母线安装预留长度 （单位：m/根）

项目	耐张	跳线	引下线、设备连接线
预留长度	2.5	0.8	0.6

表 5-8 硬母线配置安装预留长度 （单位：m/根）

序号	项目	预留长度	说明
1	带形、槽形母线终端	0.3	从最后一个支持点算起
2	带形、槽形母线与分支线连接	0.5	分支线预留
3	带形母线与设备连接	0.5	从设备端子接口算起
4	多片重型母线与设备连接	1.0	从设备端子接口算起
5	槽形母线与设备连接	0.5	从设备端子接口算起

二、母线安装定额工程量计算规则

1. 定额工程量计算规则

1）悬垂绝缘子串安装，指垂直或 V 形安装的提挂导线、跳线、引下线、设备连接线或设备等所用的绝缘子串安装，按单、双串分别以"串"为计量单位。耐张绝缘子串的安装，已包括在软母线安装定额内。

2）支持绝缘子安装分别按安装在户内、户外、单孔、双孔、四孔固定，以"个"为计量单位。

3）穿墙套管安装不分水平、垂直安装，均以"个"为计量单位。

4）软母线安装，指直接由耐张绝缘子串悬挂部分，按软母线截面大小分别以"跨/三相"为计量单位。设计跨距不同时，不得调整。导线、绝缘子、线夹、弛度调节金具等均按施工图设计用量加定额规定的损耗率计算。

5）软母线引下线，指由 T 形线夹或并沟线夹从软母线引向设备的连接线，以"组"为计量单位，每三相为一组；软母线经终端耐张线夹引下（不经 T 形线夹或并沟线夹引下）与设备连接的部分均执行引下线定额，不得换算。

6）两跨软母线间的跳引线安装，以"组"为计量单位，每三相为一组。不论两端的耐张线夹是螺栓式或压接式，均执行软母线跳线定额，不得换算。

7）设备连接线安装，指两设备间的连接部分。不论引下线、跳线、设备连接线，均应分别按导线截面、三相为一组计算工程量。

8）组合软母线安装，按三相为一组计算，跨距（包括水平悬挂部分和两端引下部分之和）系以 45m 以内考虑，跨度的长与短不得调整。导线、绝缘子、线夹、金具按施工图设计用量加定额规定的损耗率计算。

9）软母线安装预留长度按表 5-7 计算。

10）带形母线安装及带形母线引下线安装包括铜排、铝排，分别以不同截面和片数以"m/单相"为计量单位。母线和固定母线的金具均按设计量加损耗率计算。

11）钢带形母线安装，按同规格的铜母线定额执行，不得换算。

12）母线伸缩接头及铜过渡板安装，均以"个"为计量单位。

13）槽形母线安装以"m/单相"为计量单位。槽形母线与设备连接，分别按连接不同的设备以"台"为计量单位。槽形母线及固定槽形母线的金具按设计用量加损耗率计算。壳的大小尺寸以"m"为计量单位，长度按设计共箱母线的轴线长度计算。

14）低压（380V 以下）封闭式插接母线槽安装，分别按导体的额定电流大小以"m"为计量单位，长度按设计母线的轴线长度计算，分线箱以"台"为计量单位，分别以电流大小按设计数量计算。

15）重型母线安装包括铜母线、铝母线，分别按截面大小以母线的成品质量以"t"为计量单位。

16）重型铝母线接触面加工指铸造件需加工接触面时，可以按其接触面大小，分别以"片/单相"为计量单位。

17）硬母线配置安装预留长度按表 5-8 的规定计算。

18）带形母线、槽形母线安装均不包括支持瓷瓶安装和钢构件配置安装，其工程量应分别按设计成品数量执行相应定额。

2．定额工程计算说明

1）定额不包括支架、铁构件的制作、安装，发生时执行相应定额。

2）软母线、带形母线、槽形母线的安装定额内不包括母线、金具、绝缘子等主材，具体可按设计数量加损耗计算。

3）组合软导线安装定额不包括两端铁构件制作、安装和支持瓷瓶、带形母线的安装，发生时应执行相应定额。其跨距是按标准跨距综合考虑的，如实际跨距与定额不符时不作换算。

4）软母线安装定额是按单串绝缘子考虑的，如设计为双串绝缘子，其定额人工乘以系数 1.08。

5）软母线的引下线、跳线、设备连线均按导线截面分别执行定额。不区分引下线、跳线和设备连线。

6）带形钢母线安装执行铜母线安装定额。

7）带形母线伸缩节头和铜过渡板均按成品考虑，定额只考虑安装。

8）高压共箱母线和低压封闭式插接母线槽均按制造厂供应的成品考虑，定额只包含现场安装。封闭式插接母线槽在竖井内安装时，人工和机械乘以系数 2.0。

三、母线安装工程量计算实例

【例 5-3】 某工程设计要求工程信号盘 3 块，直流盘 5 块，共计 8 块，每盘宽 1000mm，安装小母线，共 18 根，试计算小母线安装总长度。

【解】

总长度：$8 \times 1.0 \times 18m + 18 \times 0.5m = 153m$

工程量：$153m \div 10 = 15.3m$（10m）

第四节　控制设备及低压电器安装工程量计算

一、控制设备及低压电器安装清单工程量计算规则

控制设备及低压电器安装工程量清单项目设置、项目特征描述的内容、计量单位及工程量计算规则，应按表 5-9 的规定执行。

表 5 - 9　控制设备及低压电器安装（编码：030404）

项目编码	项目名称	项目特征	计量单位	工程量计算规则	工作内容
030404001	控制屏	1. 名称 2. 型号 3. 规格 4. 种类 5. 基础型钢形式、规格 6. 接线端子材质、规格 7. 端子板外部接线材质、规格 8. 小母线材质、规格 9. 屏边规格	台	按设计图示数量计算	1. 本体安装 2. 基础型钢制作、安装 3. 端子板安装 4. 焊、压接线端子 5. 盘柜配线、端子接线 6. 小母线安装 7. 屏边安装 8. 补刷（喷）油漆 9. 接地
030404002	继电、信号屏				
030404003	模拟屏				
030404004	低压开关柜（屏）				1. 本体安装 2. 基础型钢制作、安装 3. 端子板安装 4. 焊、压接线端子 5. 盘柜配线、端子接线 6. 屏边安装 7. 补刷（喷）油漆 8. 接地
030404005	弱电控制返回屏				1. 本体安装 2. 基础型钢制作、安装 3. 端子板安装 4. 焊、压接线端子 5. 盘柜配线、端子接线 6. 小母线安装 7. 屏边安装 8. 补刷（喷）油漆 9. 接地
030404006	箱式配电室	1. 名称 2. 型号 3. 规格 4. 质量 5. 基础规格、浇筑材质 6. 基础型钢形式、规格	套		1. 本体安装 2. 基础型钢制作、安装 3. 基础浇筑 4. 补刷（喷）油漆 5. 接地

续表

项目编码	项目名称	项目特征	计量单位	工程量计算规则	工作内容
030404007	硅整流柜	1. 名称 2. 型号 3. 规格 4. 容量（A） 5. 基础型钢形式、规格			1. 本体安装 2. 基础型钢制作、安装 3. 补刷（喷）油漆 4. 接地
030404008	可控硅柜	1. 名称 2. 型号 3. 规格 4. 容量（kW） 5. 基础型钢形式、规格		按设计图示数量计算	
030404009	低压电容器柜	1. 名称 2. 型号 3. 规格 4. 基础型钢形式、规格 5. 接线端子材质、规格 6. 端子板外部接线材质、规格 7. 小母线材质、规格 8. 屏边规格	台		1. 本体安装 2. 基础型钢制作、安装 3. 端子板安装 4. 焊、压接线端子 5. 盘柜配线、端子接线 6. 小母线安装 7. 屏边安装 8. 补刷（喷）油漆 9. 接地
030404010	自动调节励磁屏				
030404011	励磁灭磁屏				
030404012	蓄电池屏（柜）				
030404013	直流馈电屏				
030404014	事故照明切换屏				
030404015	控制台	1. 名称 2. 型号 3. 规格 4. 基础型钢形式、规格 5. 接线端子材质、规格 6. 端子板外部接线材质、规格 7. 小母线材质、规格			1. 本体安装 2. 基础型钢制作、安装 3. 端子板安装 4. 焊、压接线端子 5. 盘柜配线、端子接线 6. 小母线安装 7. 补刷（喷）油漆 8. 接地

续表

项目编码	项目名称	项目特征	计量单位	工程量计算规则	工作内容
030404016	控制箱	1. 名称 2. 型号 3. 规格 4. 基础型钢形式、规格 5. 接线端子材质、规格 6. 端子板外部接线材质、规格 7. 安装方式	台	按设计图示数量计算	1. 本体安装 2. 基础型钢制作、安装 3. 焊、压接线端子 4. 补刷（喷）油漆 5. 接地
030404017	配电箱	1. 名称 2. 型号 3. 规格 4. 基础型钢形式、规格 5. 接线端子材质、规格 6. 端子板外部接线材质、规格 7. 安装方式	台	按设计图示数量计算	1. 本体安装 2. 基础型钢制作、安装 3. 焊、压接线端子 4. 补刷（喷）油漆 5. 接地
030404018	插座箱	1. 名称 2. 型号 3. 规格 4. 安装方式	台	按设计图示数量计算	1. 本地安装 2. 接地
030404019	控制开关	1. 名称 2. 型号 3. 规格 4. 接线端子材质、规格 5. 额定电流（A）	个	按设计图示数量计算	1. 本体安装 2. 焊、压接线端子 3. 接地
030404020	低压熔断器	1. 名称 2. 型号 3. 规格 4. 接线端子材质、规格	台	按设计图示数量计算	1. 本体安装 2. 焊、压接线端子 3. 接地
030404021	限位开关	1. 名称 2. 型号 3. 规格 4. 接线端子材质、规格	台	按设计图示数量计算	1. 本体安装 2. 焊、压接线端子 3. 接地
030404022	控制器	1. 名称 2. 型号 3. 规格 4. 接线端子材质、规格	台	按设计图示数量计算	1. 本体安装 2. 焊、压接线端子 3. 接地
030404023	接触器	1. 名称 2. 型号 3. 规格 4. 接线端子材质、规格	台	按设计图示数量计算	1. 本体安装 2. 焊、压接线端子 3. 接地
030404024	磁力启动器	1. 名称 2. 型号 3. 规格 4. 接线端子材质、规格	台	按设计图示数量计算	1. 本体安装 2. 焊、压接线端子 3. 接地
030404025	Y—△自耦减压启动器	1. 名称 2. 型号 3. 规格 4. 接线端子材质、规格	台	按设计图示数量计算	1. 本体安装 2. 焊、压接线端子 3. 接地
030404026	电磁铁（电磁制动器）	1. 名称 2. 型号 3. 规格 4. 接线端子材质、规格	台	按设计图示数量计算	1. 本体安装 2. 焊、压接线端子 3. 接地
030404027	快速自动开关	1. 名称 2. 型号 3. 规格 4. 接线端子材质、规格	台	按设计图示数量计算	1. 本体安装 2. 焊、压接线端子 3. 接地
030404028	电阻器	1. 名称 2. 型号 3. 规格 4. 接线端子材质、规格	箱	按设计图示数量计算	1. 本体安装 2. 焊、压接线端子 3. 接地
030404029	油浸频敏变阻器	1. 名称 2. 型号 3. 规格 4. 接线端子材质、规格	台	按设计图示数量计算	1. 本体安装 2. 焊、压接线端子 3. 接地

项目编码	项目名称	项目特征	计量单位	工程量计算规则	工作内容
030404030	分流器	1. 名称 2. 型号 3. 规格 4. 容量（A） 5. 接线端子材质、规格	个		1. 本体安装 2. 焊、压接线端子 3. 接地
030404031	小电器	1. 名称 2. 型号 3. 规格 4. 接线端子材质、规格	个（套、台）		
030404032	端子箱	1. 名称 2. 型号 3. 规格 4. 安装部位			1. 本体安装 2. 接线
030404033	风扇	1. 名称 2. 型号 3. 规格 4. 安装方式	台	按设计图示数量计算	1. 本体安装 2. 调速开关安装
030404034	照明开关	1. 名称 2. 型号 3. 规格 4. 安装部位			1. 本体安装 2. 接线
030404035	插座	1. 名称 2. 型号 3. 规格 4. 安装方式	个		
030404036	其他电器	1. 名称 2. 规格 3. 安装方式	个（套、台）		1. 安装 2. 接线

注：1. 控制开关包括：自动空气开关、刀型开关、铁壳开关、胶盖刀闸开关、组合控制开关、万能转换开关、风机盘管三速开关、漏电保护开关等。

2. 小电器包括：按钮、电笛、电铃、水位电气信号装置、测量表计、继电器、电磁锁屏上辅助设备、辅助电压互感器、小型安全变压器等。

3. 其他电器安装指：本节未列的电器项目。

4. 其他电器必须根据电器实际名称确定项目名称，明确描述工作内容、项目特征、计量单位、计算规则。

5. 盘、箱、柜的外部进出电线预留长度见表 5-10。

表 5-10　盘、箱、柜的外部进出线预留长度　　　（单位：m/根）

序号	项　目	预留长度	说明
1	各种箱、柜、盘、板	高＋宽	按盘面尺寸
2	单独安装（无箱、盘）的铁壳开关、闸刀开关、启动器、线槽进出线盒、箱式电阻器、变阻器	0.5	从安装对象中心起算
3	继电器、控制开关、信号灯、按钮、熔断器等小电器	0.3	从安装对象中心起算
4	分支接头	0.2	分支线预留

二、控制设备及低压电器安装定额工程量计算规则

1. 定额工程量计算规则

1）控制设备及低压电器安装均以"台"为计量单位。以上设备安装均未包括基础槽钢、角钢的制作安装，其工程量应按相应定额另行计算。

2）铁构件制作安装均按施工图设计尺寸，以成品质量"kg"为计量单位。

3）网门、保护网制作安装，按网门或保护网设计图示的框外围尺寸，以"m²"为计量单位。

4）盘柜配线分不同规格，以"m"为计量单位。

5）盘、箱、柜的外部进出线预留长度按表 5-10 计算。

6）配电板制作安装及包铁皮，按配电板图示外形尺寸，以"m²"为计量单位。

7）焊（压）接线端子定额只适用于导线。电缆终端头制作安装定额中已包括压接线端子，不得重复计算。

8）端子板外部接线按设备盘、箱柜、台的外部接线图计算，以"个"为计量单位。

9）盘、柜配线定额只适用于盘上小设备元件的少量现场配线，不适用于工厂的设备修、配、改工程。

2. 定额工程量计算说明

1）定额包括电气控制设备、低压电器的安装，盘、柜配线，焊（压）接线端子，穿通板制作、安装，基础槽、角钢及各种铁构件、支架制作、安装。

2）控制设备安装，除限位开关及水位电气信号装置外，其他均未包括支架制作、安装，发生时可执行相应定额。

3）控制设备安装未包括的工作内容：

①二次喷漆及喷字。

②电器及设备干燥。

③焊、压接线端子。

④端子板外部（二次）接线。

4）屏上辅助设备安装，包括标签框、光字牌、信号灯、附加电阻、连接片等，但不包括屏上开孔工作。

5）设备的补充油按设备考虑。

6）各种铁构件制作，均不包括镀锌、镀锡、镀铬、喷塑等其他金属防护费用，发生时应另行计算。

7）轻型铁构件系指结构厚度在 3mm 以内的构件。

8）铁构件制作、安装定额适用于定额范围内的各种支架、构件的制作、安装。

三、控制设备及低压电器安装工程量计算实例

【例 5-4】 某工程设计安装 4 台成品控制屏，内部配线已做好。设计要求需做基础槽钢和进出的接线。请编制控制屏的工程量清单。

【解】

清单工程量计算表见表 5-11。

表 5-11 【例 5-4】清单工程量计算表

序号	项目编码	项目名称	项目特征描述	工程数量	计量单位
1	030404001001	控制屏	基础槽钢制作、安装；焊、压接线端子	4	台

【例 5-5】 如图 5-1 所示某一配电工程，配电箱 2 台，M_1：XL-21 动力箱 （1600mm × 600mm × 370mm），M_2：XL-51 动力箱 （1700mm × 700mm×370mm）。配线层高 2.8m，配电箱安装高度 1.8m，计算工程的工程量。

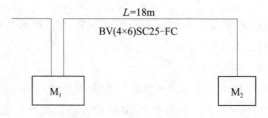

图 5-1 配线工程图

【解】

（1）清单工程量 清单工程量计算表见表 5-12。

表 5-12　【例 5-5】清单工程量计算表

序号	项目编码	项目名称	项目特征描述	工程数量	计量单位
1	030404017001	配电箱	1. 名称：动力箱 2. 型号：XL-21 3. 规格：1600mm×600mm×370mm	1	台
2	030404017002	配电箱	1. 名称：动力箱 2. 型号：XL-51 3. 规格：1700mm×700mm×370mm	1	台

（2）定额工程量

1）配电箱　2台（套用《全国统一安装工程预算定额》预算定额 2-264）

①人工费：41.80 元/台×2 台＝83.60 元

②材料费：34.39 元/台×2 台＝68.78 元

2）综合。

①直接费合计：（83.60＋68.78）元＝152.38 元

②管理费：152.38 元×34%＝51.81 元

③利润：152.38 元×8%＝12.19 元

④总计：（152.38＋51.81＋12.19）元＝216.38 元

⑤综合单价：216.38 元/2 台＝108.19 元/台

【例 5-6】　某工程设计动力配电箱三台，其中：一台挂墙安装、型号为 XLX（箱高 0.5m、宽 0.4m、深 0.3m），电源进线为 VV22-1KV4×25（G50），出线为 BV-5×10（G32），共三个回路；另两台落地安装，型号为 XL（F）-15（箱高 1.7m、宽 0.8m、深 0.6m），电源进线为电源进线为 VV22-1KV4×95（G80），出线为 BV-5×16（G32），共四个回路。配电箱基础采用 10 号槽钢制作。试计算工程量并列出工程量清单。

【解】

（1）基本工程量

1）基础槽钢制作、安装（10 号）：（0.8＋0.6）m×2＝2.8m

2）压铜接线端子（10mm2）：5×3 个＝15 个

3）压铜接线端子（16mm2）：5×4×2 个＝40 个

（2）清单工程量　清单工程量计算表见表 5-13。

表 5-13 【例 5-6】清单工程量计算表

序号	项目编码	项目名称	项目特征描述	工程数量	计量单位
1	030404017001	配电箱	1. 型号：XLX 2. 规格：高 0.5m，宽 0.4m，深 0.2m 3. 箱体安装 4. 压铜接线端子	1	台
2	030404017002	配电箱	1. 型号：XL（F）-15 2. 规格：高 1.7m，宽 0.8m，深 0.6m 3. 基础槽钢（10 号）制作、安装 4. 箱体安装 5. 压铜接线端子	2	台

（3）定额工程量

1）基础槽钢制作安装：0.28m（10m）

2）压铜接线端子（10mm²）：1.5（10 个）

3）压铜接线端子（16mm²）：2.0（10 个）

4）配电箱安装（XLX）：1 台

5）配电箱安装 [XL（F）-15]：2 台

第五节 蓄电池安装工程量计算

一、蓄电池安装清单工程量计算规则

蓄电池安装工程量清单项目设置、项目特征描述的内容、计量单位及工程量计算规则，应按表 5-14 的规定执行。

表 5-14 蓄电池安装（编码：030405）

项目编码	项目名称	项目特征	计量单位	工程量计算规则	工作内容
030405001	蓄电池	1. 名称 2. 型号 3. 容量（A·h） 4. 防震支架形式、材质 5. 充放电要求	个 （组件）	按设计图示数量计算	1. 本体安装 2. 防震支架安装 3. 充放电
030405002	太阳能电池	1. 名称 2. 型号 3. 规格 4. 容量 5. 安装方式	组		1. 安装 2. 电池方阵铁架安装 3. 联调

二、蓄电池安装定额工程量计算规则

1. 定额工程量计算规则

1）铅酸蓄电池和碱性蓄电池安装，分别按容量大小以单体蓄电池"个"为计量单位，按施工图设计的数量计算工程量。定额内已包括了电解液的材料消耗，执行时不得调整。

2）免维护蓄电池安装以"组件"为计量单位。其具体计算如下例：

某项工程设计一组蓄电池为 220V/500A·h，由 12V 的组件 18 个组成，那么就应该套用 12V/500A·h 的定额 18 组件。

3）蓄电池充放电按不同容量以"组"为计量单位。

2. 定额工程量计算说明

1）定额适用于 220V 以下各种容量的碱性和酸性固定型蓄电池及其防震支架安装、蓄电池充放电。

2）蓄电池防震支架按随设备供货考虑，安装按地坪打眼装膨胀螺栓固定。

3）蓄电池电极连接条、紧固螺栓、绝缘垫，均按设备带有考虑。

4）定额不包括蓄电池抽头连接用电缆及电缆保护管的安装，发生时应执行相应的项目。

5）碱性蓄电池补充电解液由厂家随设备供货。铅酸蓄电池的电解液已包括在定额内，不另行计算。

6）蓄电池充放电电量已计入定额，不论酸性、碱性电池均按其电压和容量执行相应项目。

三、蓄电池安装工程量计算实例

【例 5-7】　某工程设计安装 6-QA-40S 型蓄电池 12 个，额定电压为 12V，额定容量为 40A·h，试求蓄电池的清单工程量。

【解】

清单工程量计算表见表 5-15。

表 5-15　【例 15-7】清单工程量计算表

序号	项目编码	项目名称	项目特征描述	工程数量	计量单位
1	030405001001	蓄电池	1. 蓄电池 2. 型号：6-QA-40S 3. 额定电压：12V 4. 额定容量：40A·h	12	个

第六节　电机检查接线及调试工程量计算

一、电机检查接线及调试清单工程量计算规则

电机检查接线及调试工程量清单项目设置、项目特征描述的内容、计量单位及工程量计算规则，应按表5-16的规定执行。

表5-16　电机检查接线及调试（编码：030406）

项目编码	项目名称	项目特征	计量单位	工程量计算规则	工作内容
030406001	发电机	1. 名称 2. 型号 3. 容量（kW） 4. 接线端子材质、规格 5. 干燥要求	台	按设计图示数量计算	1. 检查接线 2. 接地 3. 干燥 4. 调试
030406002	调相机				
030406003	普通小型直流电动机				
030406004	可控硅调速直流电动机	1. 名称 2. 型号 3. 容量（kW） 4. 类型 5. 接线端子材质、规格 6. 干燥要求			
030406005	普通交流同步电动机	1. 名称 2. 型号 3. 容量（kW） 4. 启动方式 5. 电压等级（kV） 6. 接线端子材质、规格 7. 干燥要求			
030406006	低压交流异步电动机	1. 名称 2. 型号 3. 容量（kW） 4. 控制保护方式 5. 接线端子材质、规格 6. 干燥要求			
030406007	高压交流异步电动机	1. 名称 2. 型号 3. 容量（kW） 4. 保护类型 5. 接线端子材质、规格 6. 干燥要求			

续表

项目编码	项目名称	项目特征	计量单位	工程量计算规则	工作内容
030406008	交流变频调速电动机	1. 名称 2. 型号 3. 容量（kW） 4. 类别 5. 接线端子材质、规格 6. 干燥要求	台	按设计图示数量计算	1. 检查接线 2. 接地 3. 干燥 4. 调试
030406009	微型电机、电加热器	1. 名称 2. 型号 3. 规格 4. 接线端子材质、规格 5. 干燥要求			
030406010	电动机组	1. 名称 2. 型号 3. 电动机台数 4. 联锁台数 5. 接线端子材质、规格 6. 干燥要求	组		
030406011	备用励磁机组	1. 名称 2. 型号 3. 接线端子材质、规格 4. 干燥要求			
030406012	励磁电阻器	1. 名称 2. 型号 3. 规格 4. 接线端子材质、规格 5. 干燥要求	台		1. 本地安装 2. 检查接线 3. 干燥

注：1. 可控硅调速直流电动机类型指一般可控硅调速直流电动机、全数字式控制可控硅调速直流电动机。

2. 交流变频调速电动机类型指交流同步变频电动机、交流异步变频电动机。

3. 电动机按其质量划分为大、中、小型：3t 以下为小型，3～30t 为中型，30t 以上为大型。

二、电机检查接线及调试工程量计算规则

1. 定额工程量计算规则

1）发电机、调相机、电动机的电气检查接线，均以"台"为计量单位。直流发电机组和多台一串的机组，按单台电机分别执行定额。

2) 起重机上的电气设备、照明装置和电缆管线等安装，均执行定额的相应定额。

3) 电气安装规范要求每台电机接线均需要配金属软管，设计有规定的，按设计规格和数量计算；设计没有规定的，平均每台电机配相应规格的金属软管 1.25m 和与之配套的金属软管专用活接头。

4) 电机检查接线定额，除发电机和调相机外，均不包括电机干燥，发生时其工程量应按电机干燥定额另行计算。电机干燥定额是按一次干燥所需的工、料、机消耗量考虑，在特别潮湿的地方，电机需要进行多次干燥，应按实际干燥次数计算。在气候干燥、电机绝缘性能良好、符合技术标准而不需要干燥时，则不计算干燥费用。实行包干的工程，可参照以下比例，由有关各方协商而定。

①低压小型电机 3kW 以下，按 25% 的比例考虑干燥。

②低压小型电机 3kW 以上至 220kW，按 30%～50% 考虑干燥。

③大中型电机按 100% 考虑一次干燥。

5) 电机解体检查定额，应根据需要选用。如不需要解体时，可只执行电机检查接线定额。

6) 电机定额的界线划分：单台电机质量在 3t 以下的，为小型电机；单台电机质量在 3t 以上至 30t 以下的，为中型电机；单台电机质量在 30t 以上的为大型电机。

7) 小型电机按电机类别和功率大小执行相应定额，大、中型电机不分类别一律按电机质量执行相应定额。

8) 与机械同底座的电机和装在机械设备上的电机安装，执行《全国统一安装工程预算定额》的第一册《机械设备安装工程》GYD－201－2000 的电机安装定额；独立安装的电机，执行电机安装定额。

2. 定额工程量计算说明

1) 本定额中的专业术语"电机"是指发电机和电动机的统称。如小型电机检查接线定额，适用于同功率的小型发电机和小型电动机的检查接线，定额中的电机功率是指电机的额定功率。

2) 直流发电机组和多台一串的机组，可按单台电机分别执行相应定额。

3) 本定额的电机检查接线定额，除发电机和调相机外，均不包括电机的干燥工作，发生时应执行电机干燥定额。本定额的电机干燥定额是按一次干燥所需的人工、材料、机械消耗量考虑。

4) 单台质量在 3t 以下的电机为小型电机，单台质量 3～30t 的电机为中型电机，单台质量在 30t 以上的电机为大型电机。大中型电机不分交、直流电机，一律按电机质量执行相应定额。

5）微型电机分为三类：驱动微型电机（分马力电机）是指微型异步电动机、微型同步电动机、微型交流换向器电动机、微型直流电动机等，控制微型电机是指自整角机、旋转变压器、交直流测速发电机、交直流伺服电动机、步进电动机、力矩电动机等，电源微型电机系指微型电动发电机组和单枢变流机等。其他小型电机（凡功率在 0.75kW 以下的电机）均执行微型电机定额，但一般民用小型交流电风扇安装另执行《全国统一安装工程预算定额》第二册第十二章"风扇安装定额"。

6）各类电机的检查接线定额均不包括控制装置的安装和接线。

7）电机的接地线材质至今技术规范尚无新规定，本定额仍是沿用镀锌扁钢（－25mm×4mm）编制的。如采用铜接地线时，主材（导线和接头）应更换，但安装人工和机械不变。

8）电机安装执行《机械设备安装工程》GYD－201—2000 的电机安装定额，其电机的检查接线和干燥执行定额。

9）各种电机的检查接线，规范要求均需配有相应的金属软管，如设计有规定的，按设计规格和数量计算。如设计要求用包塑金属软管、阻燃金属软管或采用铝合金软管接头等，均按设计计算。设计没有规定时，平均每台电机配金属软管 1～1.5m（平均按 1.25m）。电机的电源线为导线时，应执行"压（焊）接线端子"定额。

三、电机检查接线及调试工程量计算实例

【例 5-8】 某职工宿舍楼如图 5-2 所示，该宿舍楼的配电是由临近的变电所提供的，另外在工厂内部还有一套供紧急停电情况下使用的发电系统。请计算该配电工程所用仪器的工程量。

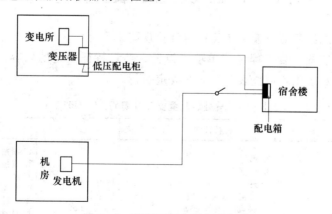

图 5-2 某职工宿舍楼的配电图

【解】

（1）清单工程量 清单工程量计算见表 5-17。

表 5-17 【例 5-8】清单工程量计算表

序号	项目编码	项目名称	项目特征描述	工程数量	计量单位
1	030401003001	整流变压器	容量 100kV·A 以下	1	台
2	030406001001	发电机	空冷式发电机,容量 1500kW 以下	1	台
3	030404017001	配电箱	悬挂嵌入式,周长 2m	1	台
4	030404004001	低压开关柜	质量 30kg 以下	1	台

(2) 定额工程量

1) 整流变压器 1 台(套用《全国统一安装工程预算定额》2-8)。

①人工费:174.61 元

②材料费:111.75 元

③机械费:62.18 元

2) 发电机 1 台(套用《全国统一安装工程预算定额》2-427)。

①人工费:1235.77 元

②材料费:397.75 元

③机械费:1701.34 元

3) 配电箱 1 台(套用《全国统一安装工程预算定额》2-264)。

①人工费:41.80 元

②材料费:34.39 元

4) 低压开关柜 1 台(套用《全国统一安装工程预算定额》2-77)

①人工费:8.13 元

②材料费:12.72 元

第七节 滑触线装置安装工程量计算

一、滑触线装置安装清单工程量计算规则

滑触线装置安装工程量清单项目设置、项目特征描述的内容、计量单位及工程量计算规则,应按表 5-18 的规定执行。

表 5-18 滑触线装置安装(编码:030407)

项目编码	项目名称	项目特征	计量单位	工程量计算规则	工作内容
030407001	滑触线	1. 名称 2. 型号 3. 规格 4. 材质 5. 支架形式、材质 6. 移动软电缆材质、规格、安装部位 7. 拉紧装置类型 8. 伸缩接头材质、规格	m	按设计图示尺寸以单相长度计算(含预留长度)	1. 滑触线安装 2. 滑触线支架制作、安装 3. 拉紧装置及挂式支持器制作、安装 4. 移动软电缆安装 5. 伸缩接头制作、安装

注:1. 支架基础铁件及螺栓是否浇注需说明。

2. 滑触线安装预留长度见表 5-19。

表 5-19　滑触线安装预留长度　　　（单位：m/根）

序号	项目	预留长度	说明
1	圆钢、铜母线与设备连接	0.2	从设备接线端子接口算起
2	圆钢、铜滑触线终端	0.5	从最后一个固定点算起
3	角钢滑触线终端	1.0	从最后一个支持点算起
4	扁钢滑触线终端	1.3	从最后一个固定点算起
5	扁钢母线分支	0.5	分支线预留
6	扁钢母线与设备连接	0.5	从设备接线端子接口算起
7	轻轨滑触线终端	0.8	从最后一个支持点算起
8	安全节能及其他滑触线终端	0.5	从最后一个固定点算起

二、滑触线装置安装定额工程量计算规则

1. 定额工程量计算规则

1) 起重机上的电气设备、照明装置和电缆管线等安装，均执行相应定额。

2) 滑触线安装以"m/单相"为计量单位，其附加和预留长度按表 5-19 的规定计算。

3) 电气安装规范要求每台电机接线均需要配金属软管，设计有规定的，按设计规格和数量计算；设计没有规定的，平均每台电机配相应规格的金属软管 1.25m 和与之配套的金属软管专用活接头。

2. 定额工程量计算说明

1) 起重机的电气装置系按未经生产厂家成套安装和试运行考虑的，因此起重机的电机和各种开关、控制设备、管线及灯具等，均按分部分项定额编制预算。

2) 滑触线支架的基础铁件及螺栓，按土建预埋考虑。

3) 滑触线及支架的油漆，均按涂一遍考虑。

4) 移动软电缆敷设未包括轨道安装及滑轮制作。

5) 滑触线的辅助母线安装，执行"车间带形母线"安装定额。

6) 滑触线伸缩器和坐式电车绝缘子支持器的安装，已分别包括在"滑触线安装"和"滑触线支架安装"定额内，不另行计算。

7) 滑触线及支架安装是按 10m 以下标高考虑的，如超过 10m 时，按定额说明的超高系数计算。

8) 铁构件制作，执行相应项目。

第八节　电缆安装工程量计算

一、电缆安装清单工程量计算规则

电缆安装工程量清单项目设置、项目特征描述的内容、计量单位及工程量计算规则，应按表 5-20 的规定执行。

表 5-20 电缆安装（编码：030408）

项目编码	项目名称	项目特征	计量单位	工程量计算规则	工作内容
030408001	电力电缆	1. 名称 2. 型号 3. 规格 4. 材质		按设计图示尺寸以长度计算（含预留长度及附加长度）	1. 电缆敷设 2. 揭（盖）盖板
030408002	控制电缆	5. 敷设方式、部位 6. 电压等级（kV） 7. 地形			
030408003	电缆保护管	1. 名称 2. 材质 3. 规格 4. 敷设方式	m	按设计图示尺寸以长度计算	保护管敷设
030408004	电缆槽盒	1. 名称 2. 材质 3. 规格 4. 型号			槽盒安装
030408005	铺砂、盖保护板（砖）	1. 种类 2. 规格			1. 铺砂 2. 盖板（砖）
030408006	电力电缆头	1. 名称 2. 型号 3. 规格 4. 材质、类型 5. 安装部位 6. 电压等级（kV）	个	按设计图示数量计算	1. 电力电缆头制作 2. 电力电缆头安装 3. 接地
030408007	控制电缆头	1. 名称 2. 型号 3. 规格 4. 材质、类型 5. 安装方式			
030408008	防火堵洞	1. 名称 2. 材质	处		安装
030408009	防火隔板	3. 方式 4. 部位	m²	按设计图示尺寸以面积计算	
030408010	防火涂料	1. 名称 2. 材质 3. 方式 4. 部位	kg	按设计图示尺寸以质量计算	安装
030408011	电缆分支箱	1. 名称 2. 型号 3. 规格 4. 基础形式、材质、类型	台	按设计图示数量计算	1. 本体安装 2. 基础制作、安装

注　1. 电缆穿刺线夹按电缆头编码列项。
　　2. 电缆井、电缆排管、顶管，应按现行国家标准《市政工程工程量计算规范》GB 50857—2013 相关项目编码列项。
　　3. 电缆敷设预留长度及附加长度见表 5-21。

表 5‑21　电缆敷设预留及附加长度

序号	项目	预留长度	说明
1	电缆敷设弛度、波形弯度、交叉	2.5%	按电缆全长计算
2	电缆进入建筑物	2.0m	规范规定最小值
3	电缆进入沟内或吊架时引上（下）预留	1.5m	规范规定最小值
4	变电所进线、出线	1.5m	规范规定最小值
5	电力电缆终端头	1.5m	检修余量最小值
6	电缆中间接头盒	两端各留 2.0m	检修余量最小值
7	电缆进控制、保护屏及模拟盘、配电箱等	高＋宽	按盘面尺寸
8	高压开关柜及低压配电盘、箱	2.0m	盘下进出线
9	电缆至电动机	0.5m	从电动机接线盒起算
10	厂用变压器	3.0m	地坪起算
11	电缆绕过梁柱等增加长度	按实计算	按被绕物的断面情况计算增加长度
12	电梯电缆与电缆架固定点	每处 0.5m	规范规定最小值

二、电缆安装定额工程量计算规则

1. 定额工程量计算规则

1）直埋电缆的挖、填土（石）方，除特殊要求外，可按表 5‑22 计算土方量。

表 5‑22　直埋电缆的挖、填土（石）方量

项目	电缆根数	
	1～2	每增一根
每米沟长挖方量/m³	0.45	0.153

注：1. 两根以内的电缆沟，系按上口宽度 600mm、下口宽度 400mm、深度 900mm 计算的常规土方量（深度按规范的最低标准）。

2. 每增加一根电缆，其宽度增加 170mm。

3. 以上土方量系按埋深从自然地坪起算，如设计埋深超过 900mm 时，多挖的土方量应另行计算。

2）电缆沟盖板揭、盖定额，按每揭或每盖一次以"延长米"计算，如又揭又盖，则按两次计算。

3）电缆保护管长度，除按设计规定长度计算外，遇有下列情况，应按以下规定增加保护管长度：

① 横穿道路，按路基宽度两端各增加 2m。

② 垂直敷设时，管口距地面增加 2m。

③ 穿过建筑物外墙时，按基础外缘以外增加 1m。

④ 穿过排水沟时，按沟壁外缘以外增加 1m。

4) 电缆保护管埋地敷设，其土方量凡有施工图注明的，按施工图计算；无施工图的，一般按沟深 0.9m、沟宽按最外边的保护管两侧边缘外各增加 0.3m 工作面计算。

5) 电缆敷设按单根以"延长米"计算，一个沟内（或架上）敷设三根各长 100m 的电缆，应按 300m 计算，以此类推。

6) 电缆敷设长度应根据敷设路径的水平和垂直敷设长度，按表 5 - 21 规定增加附加长度。电缆附加及预留的长度是电缆敷设长度的组成部分，应计入电缆长度工程量之内。

7) 电缆终端头及中间头均以"个"为计量单位。电力电缆和控制电缆均按一根电缆有两个终端头考虑。中间电缆头设计有图示的，按设计确定；设计没有规定的，按实际情况计算（或按平均 250m 一个中间头考虑）。

8) 桥架安装，以"10m"为计量单位。

9) 吊电缆的钢索及拉紧装置，应按相应定额另行计算。

10) 钢索的计算长度以两端固定点的距离为准，不扣除拉紧装置的长度。

11) 电缆敷设及桥架安装，应按定额说明的综合内容范围计算。

2. 定额工程量计算说明

1) 电缆敷设定额适用于 10kV 以下的电力电缆和控制电缆敷设。定额系按平原地区和厂内电缆工程的施工条件编制的，未考虑在积水区、水底、井下等特殊条件下的电缆敷设。

2) 电缆在一般山地、丘陵地区敷设时，其定额人工乘以系数 1.3。该地段所需的施工材料如固定桩、夹具等按实另计。

3) 电缆敷设定额未考虑因波形敷设增加长度、弛度增加长度、电缆绕梁（柱）增加长度，以及电缆与设备连接、电缆接头等必要的预留长度，该增加长度应计入工程量之内。

4) 这里的电力电缆头定额均按铝芯电缆考虑，铜芯电力电缆头按同截面电缆头定额乘以系数 1.2，双屏蔽电缆头制作、安装，人工乘以系数 1.05。

5) 电力电缆敷设定额均按三芯（包括三芯连地）考虑，5 芯电力电缆敷设定额乘以系数 1.3，6 芯电力电缆乘以系数 1.6，每增加一芯定额增加 30%，以此类推。单芯电力电缆敷设按同截面电缆定额乘以 0.67。截面 400mm^2 以上至 800mm^2 的单芯电力电缆敷设，按 400mm^2 电力电缆定额执行。240mm^2 以上的电缆头的接线端子为异型端子，需要单独加工，应按实际加工价计算（或调整定额价格）。

6) 电缆沟挖填方定额也适用于电气管道沟等的挖填方工作。

7）桥架安装。

① 桥架安装包括运输、组合、螺栓或焊接固定、弯头制作、附件安装、切割口防腐、桥式或托板式开孔、上管件隔板安装、盖板及钢制梯式桥架盖板安装。

② 桥架支撑架定额适用于立柱、托臂及其他各种支撑架的安装。定额已综合考虑了采用螺栓、焊接和膨胀螺栓三种固定方式。实际施工中，不论采用何种固定方式，定额均不做调整。

③ 玻璃钢梯式桥架和铝合金梯式桥架定额均按不带盖考虑。如这两种桥架带盖，则分别执行玻璃钢槽式桥架定额和铝合金槽式桥架定额。

④ 钢制桥架主结构设计厚度大于 3mm 时，定额人工、机械乘以系数 1.2。

⑤ 不锈钢桥架按钢制桥架定额乘以系数 1.1。

8）定额中电缆敷设系综合定额，已将裸包电缆、铠装电缆、屏蔽电缆等因素考虑在内。因此，凡 10kV 以下的电力电缆和控制电缆均不分结构形式和型号，一律按相应的电缆截面和芯数执行定额。

9）电缆敷设定额及其相配套的定额中均未包括主材（又称"装置性材料"），另按设计和工程量计算规则加上定额规定的损耗率计算主材费用。

10）直径 $\phi100mm$ 以下的电缆保护管敷设执行配管配线有关定额。

11）定额未包括的工作内容。

① 隔热层、保护层的制作、安装。

② 电缆冬期施工的加温工作和在其他特殊施工条件下的施工措施费和施工降效增加费。

三、电缆安装工程量计算实例

【例 5-9】 某车间电源配电箱 DLX（1.5m×0.8m）安装如图 5-3 所示，在 10 号基础槽钢上，车间内另一设备用配电线一台（0.8m×0.5m）墙上暗装，其电源有 DLX 以 2R-VV-1000-4×50+1×16 穿电镀管 DN90 沿地面敷设引来（电缆、电镀管长 23m）。试计算工程量并编制工程量清单。

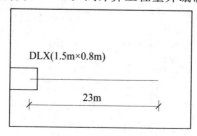

图 5-3　配电箱安装示意图

【解】

(1) 基本工程量

1) 铜芯电力电缆敷设：$(23+2\times2+1.5\times2)\times(1+2.5\%)m=24.75$m

注：2m 为进出配电箱预留长度；1.5m 为电缆终端头的预留长度；2.5％为电缆敷设的附加长度系数。

2) 干包终端头制作：2 个。

(2) 清单工程量 清单工程量计算见表 5-23。

表 5-23 **【例 5-9】清单工程量计算表**

序号	项目编码	项目名称	项目特征描述	工程数量	计量单位
1	030408001001	电力电缆	铜芯电力电缆，采用 2R-VV-1000-4×50+1×16，穿电镀管 DN90，沿地面敷设引来	24.75	m

(3) 定额工程量

1) 铜芯电力电缆敷设 24.75m（套用《全国统一安装工程预算定额》2-618）。

① 人工费（163.24 元/100m）×24.75m＝40.40 元

② 材料费：（164.03 元/100m）×24.75m＝40.60 元

③ 机械费：（5.15 元/100m）×24.75m＝1.27 元

2) 干包终端头制作 2 个（套用《全国统一安装工程预算定额》2-626）。

① 人工费：12.77 元/个×2 个＝25.54 元

② 材料费：67.14 元/个×2 个＝134.28 元

【例 5-10】 某电缆工程，采用电缆沟直埋铺砂盖砖，电缆均用 VV22（3×50+1×35），进建筑物时电缆穿管 SC80，动力配电箱都是从 1 号配电室低压配电柜引入，沟深 1m，如图 5-4 所示，请计算工程量。

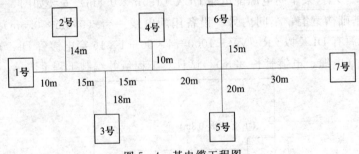

图 5-4 某电缆工程图

【解】

(1) 基本工程量

1) 电缆沟铺砂盖砖工程量：

$(10+15+15+20+30+14+18+10+15+20)$ m$=167$m

2）密封保护管工程量：2×6 根$=12$ 根。

（2）清单工程量　清单工程量计算表见表 5-24。

表 5-24　【例 5-10】清单工程量计算表

序号	项目编码	项目名称	项目特征描述	工程数量	计量单位
1	030408003001	电缆保护管	1. 电缆穿管 SC80 2. 直埋铺砂盖砖	167	m

（3）定额工程量

1）电缆沟铺砂盖砖工程量：1.67（100m）（套用《全国统一安装工程预算定额》2-529）。

① 人工费：145.13 元/（100m）×1.67（100m）=242.37 元

② 材料费：648.86 元/（100m）×1.67（100m）=1083.60 元

2）密封保护管工程量：12 根（套用《全国统一安装工程预算定额》2-539）。

① 人工费：130.50 元/根×12 根=1566 元

② 材料费：100.54 元/根×12 根=1206.48 元

③ 机械费：10.70 元/根×12 根=128.4 元

第九节　防雷及接地装置工程量计算

一、防雷及接地装置清单工程量计算规则

防雷及接地装置工程量清单项目设置、项目特征描述的内容、计量单位及工程量计算规则，应按表 5-25 的规定执行。

表 5-25　防雷及接地装置（编码：030409）

项目编码	项目名称	项目特征	计量单位	工程量计算规则	工作内容
030409001	接地极	1. 名称 2. 材质 3. 规格 4. 土质 5. 基础接地形式	根 （块）	按设计图示数量计算	1. 接地极（板、桩）制作、安装 2. 基础接地网安装 3. 补刷（喷）油漆
030409002	接地母线	1. 名称 2. 材质 3. 规格 4. 安装部位 5. 安装形式			1. 接地母线制作、安装 2. 补刷（喷）油漆

续表

项目编码	项目名称	项目特征	计量单位	工程量计算规则	工作内容
030409003	避雷引下线	1. 名称 2. 材质 3. 规格 4. 安装部位 5. 安装形式		按设计图示尺寸以长度计算（含附加长度）	1. 避雷引下线制作、安装 2. 断接卡子、箱制作、安装 3. 利用主钢筋焊接 4. 补刷（喷）油漆
030409004	均压环	1. 名称 2. 材质 3. 规格 4. 安装形式	m		1. 均压环敷设 2. 钢铝窗接地 3. 柱主筋与圈梁焊接 4. 利用圈梁钢筋焊接 5. 补刷油漆
030409005	避雷网	1. 名称 2. 材质 3. 规格 4. 安装形式 5. 混凝土块标号			1. 避雷网制作、安装 2. 跨接 3. 混凝土块制作 4. 补刷（喷）油漆
030409006	避雷针	1. 名称 2. 材质 3. 规格 4. 安装形式、高度	根	按设计图示数量计算	1. 避雷针制作、安装 2. 跨接 3. 补刷（喷）油漆
030409007	半导体少长针消雷装置	1. 型号 2. 高度	套		本体安装
030409008	等电位端子箱、测试板	1. 名称 2. 材质 3. 规格	台（块）		1. 制作 2. 安装
030409009	绝缘垫		m^2	按设计图示尺寸以展开面积计算	
030409010	浪涌保护器	1. 名称 2. 规格 3. 安装形式 4. 防雷等级	个	按设计图示数量计算	1. 本体安装 2. 接线 3. 接地
030409011	降阻剂	1. 名称 2. 类型	kg	按设计图示以质量计算	1. 挖土 2. 施放降阻剂 3. 回填土 4. 运输

注：1. 利用桩基础作接地极，应描述桩台下桩的根数，每桩台下需焊接柱筋根数，其工程量按引下线计算。利用基础钢筋作接地极按均压环项目编码列项。
2. 利用柱筋引下线的，需描述柱筋焊接根数。
3. 利用圈梁筋作均压环的，需描述圈梁筋焊接根数。
4. 使用电缆、电线作接地线，应按表 5-20、表 5-38 相关项目编码列项。
5. 接地母线、引下线、避雷网附加长度见表 5-26。

表 5 - 26　接地母线、引下线、避雷网附加长度　　　　（单位：m）

项目	附加长度	说　明
接地母线、引下线、避雷网附加长度	3.9%	按接地母线、引下线、避雷网全长计算

二、防雷及接地装置定额工程量计算规则

1. 定额工程量计算规则

1）接地极制作安装以"根"为计量单位，其长度按设计长度计算。设计无规定时，每根长度按 2.5m 计算。若设计有管帽时，管帽另按加工件计算。

2）接地母线敷设，按设计长度以"m"为计量单位计算工程量。接地母线、避雷线敷设，均按"延长米"计算，其长度按施工图设计水平和垂直规定长度另加 3.9% 的附加长度（包括转弯、上下波动、避绕障碍物、搭接头所占长度）计算。计算主材费时应另增加规定的损耗率。

3）接地跨接线以"处"为计量单位。按规程规定，凡需接地跨接线的工程内容，每跨接一次按一处计算。户外配电装置构架均需接地，每副构架按"一处"计算。

4）避雷针的加工制作、安装，以"根"为计量单位，独立避雷针安装以"基"为计量单位。长度、高度、数量均按设计规定。独立避雷针的加工制作应执行"一般铁件"制作定额或按成品计算。

5）半导体少长针消雷装置安装以"套"为计量单位，按设计安装高度分别执行相应定额。装置本身由设备制造厂成套供货。

6）利用建筑物内主筋作为接地引下线安装，以"10m"为计量单位，每一柱子内按焊接两根主筋考虑。如果焊接主筋数超过两根时，可按比例调整。

7）断接卡子制作安装以"套"为计量单位，按设计规定装设的断接卡子数量计算。接地检查井内的断接卡子安装按每井一套计算。

8）高层建筑物屋顶的防雷接地装置应执行"避雷网安装"定额，电缆支架的接地线安装应执行"户内接地母线敷设"定额。

9）均压环敷设以"m"为单位计算，主要考虑利用圈梁内主筋作为均压环接地连线，焊接按两根主筋考虑。超过两根时，可按比例调整。长度按设计需要作为均压接地的圈梁中心线长度，以"延长米"计算。

10）钢、铝窗接地以"处"为计量单位（高层建筑 6 层以上的金属窗设计一般要求接地），按设计规定接地的金属窗数进行计算。

11）柱子主筋与圈梁连接以"处"为计量单位，每处按两根主筋与两根圈梁钢筋分别焊接连接考虑。如果焊接主筋和圈梁钢筋超过两根时，可按比例调整；需要连接的柱子主筋和圈梁钢筋"处"数按规定设计计算。

2. 定额工程量计算说明

1）本定额适用于建筑物、构筑物的防雷接地，变配电系统接地、设备接地及避雷针的接地装置。

2）户外接地母线敷设定额是按自然地坪和一般土质综合考虑的，包括地沟的挖填土和夯实工作，执行本定额时不应再计算土方量。如遇有石方、矿渣、积水、障碍物等情况时可另行计算。

3）本定额不适于采用爆破法施工敷设接地线、安装接地极，也不包括高土壤电阻率地区采用换土或化学处理的接地装置及接地电阻的测定工作。

4）本定额中，避雷针的安装、半导体少长针消雷装置安装，均已考虑了高空作业的因素。

5）独立避雷针的加工制作执行"一般铁构件"制作定额。

6）防雷均压环安装定额是按利用建筑物圈梁内主筋作为防雷接地连接线考虑的。如果采用单独扁钢或网钢明敷作为均压环时，可执行"户内接地母线敷设"定额。

7）利用铜绞线作为接地引下线时，配管、穿铜绞线执行本定额中同规格的相应项目。

三、防雷及接地装置工程量计算实例

【例5-11】 有一高层建筑物层高4m，檐高98m，外墙轴线总周长为86m，求均压环焊接工程量和设在圈梁中的避雷带的工程量。

【解】

（1）基本工程量

因为均压环焊接每3层焊一圈，即每12m焊一圈，因此30m以下可以焊2圈，即2×86m=172m

二圈以上（即4m×3层×2圈=24m以上）每两层设避雷带（网），工程量为：

$$(98-24) \div 8m/圈 = 9 圈$$

$$86m/圈 \times 9 圈 = 774m$$

（2）清单工程量

1）均压环焊接工程量：

$$172m \times (1+3.9\%) = 178.71m$$

2）设在圈梁中的避雷带（网）的工程量：

$$774m \times (1+3.9\%) = 804.19m$$

清单工程量计算表见表5-27。

表 5-27　【例 5-11】清单工程量计算表

序号	项目编码	项目名称	项目特征描述	工程数量	计量单位
1	030409004001	均压环	利用圈梁内主筋作均压环接地连线，均压环焊接	178.71	m
2	030409005001	避雷网	在圈梁中，设置避雷带（网）	804.19	m

（3）定额工程量

1）均压环焊接工程量为 17.2（10m）。

2）设在圈梁中的避雷带（网）的工程量为 77.4（10m）（套用《全国统一安装工程预算定额》2-751）。

① 人工费：9.29 元/m×77.4（10m）＝719.05 元

② 材料费：1.74 元/m×77.4（10m）＝134.68 元

③ 机械费：6.24 元/m×77.4（10m）＝2482.98 元

第十节　10kV 以下架空配电线路工程量计算

一、10kV 以下架空配电线路清单工程量计算规则

10kV 以下架空配电线路工程量清单项目设置、项目特征描述的内容、计量单位及工程量计算规则，应按表 5-28 的规定执行。

表 5-28　10kV 以下架空配电线路（编码：030410）

项目编码	项目名称	项目特征	计量单位	工程量计算规则	工作内容
030410001	电杆组立	1. 名称 2. 材质 3. 规格 4. 类型 5. 地形 6. 土质 7. 底盘、拉盘、卡盘规格 8. 拉线材质、规格、类型 9. 现浇基础类型、钢筋类型、规格，基础垫层要求 10. 电杆防腐要求	根（基）	按设计图示数量计算	1. 施工定位 2. 电杆组立 3. 土（石）方挖填 4. 底盘、拉盘、卡盘安装 5. 电杆防腐 6. 拉线制作、安装 7. 现浇基础、基础垫层 8. 工地运输
030410002	横担组装	1. 名称 2. 材质 3. 规格 4. 类型 5. 电压等级（kV） 6. 瓷瓶型号、规格 7. 金具品种规格	组		1. 横担安装 2. 瓷瓶、金具安装

项目编码	项目名称	项目特征	计量单位	工程量计算规则	工作内容
030410003	导线架设	1. 名称 2. 材质 3. 规格 4. 地形 5. 跨越类型	km	按设计图示尺寸以单位长度计算（含预留长度）	1. 导线架设 2. 导线跨越及进户线架设 3. 工地运输
030410004	杆上设备	1. 名称 2. 型号 3. 规格 4. 电压等级（kV） 5. 支撑架种类、规格 6. 接线端子材质、规格 7. 接地要求	台（组）	按设计图示数量计算	1. 支撑架安装 2. 本体安装 3. 焊压接线端子、接线 4. 补刷（喷）油漆 5. 接地

注：1. 杆上设备调试，应按表 5-50 相关项目编码列项。

2. 架空导线预留长度见表 5-29。

表 5-29　架空导线预留长度　　　　　　　　（单位：m/根）

项　　目		预留长度
高压	转角	2.5
	分支、终端	2.0
低压	分支、终端	0.5
	交叉跳线转角	1.5
与设备连线		0.5
进户线		2.5

二、**10kV** 以下架空配电线路定额工程量计算规则

1. 定额工程量计算规则

1）工地运输是指定额内未计价材料从集中材料堆放点或工地仓库运至杆位上的工程运输，分人力运输和汽车运输，以"t·km"为计量单位。

运输量计算公式如下：

$$工程运输量＝施工图用量×（1＋损耗率） \qquad (5-1)$$

预算运输质量＝工程运输量十包装物质量（不需要包装的可不计算包装物质量）

2）无底盘、卡盘的电杆坑，其挖方体积为：

$$V＝0.8×0.8h \qquad (5-2)$$

式中　h——坑深（m）。

3）电杆坑的马道土、石方量按每坑 0.2m³ 计算。

4）施工操作裕度按底拉盘底宽每边增加 0.1m。

5）各类土质的放坡系数按表5-30计算。

表5-30　各类土质的放坡系数

土质	普通土、水坑	坚土	松砂石	泥水、流砂、岩石
放坡系数	1：0.3	1：0.25	1：0.2	不放坡

6）冻土厚度大于300mm时，冻土层的挖方量按挖坚土定额乘以系数2.5。其他土层仍按土质性质执行定额。

7）土方量计算公式：

$$V = \frac{h}{6} \times [ab + (a+a_1)(b+b_1) + a_1 + b_1] \tag{5-3}$$

式中　V——土（石）方体积（m³）；

h——坑深（m）；

$a(b)$——坑底宽（m），$a(b)$＝底拉盘底宽＋2×每边操作裕度；

$a_1(b_1)$——坑底宽（m），$a_1(b_1)$＝$a(b)$＋2h×边坡系数。

8）杆坑土质按一个坑的主要土质而定。如一个坑大部分为普通土，少量为坚土，则该坑应全部按普通土计算。

9）带卡盘的电杆坑，如原计算的尺寸不能满足卡盘安装时，因卡盘超长而增加的土（石）方量另计。

10）底盘、卡盘、拉线盘按设计用量以"块"为计量单位。

11）杆塔组立，分别杆塔形式和高度，按设计数量以"根"为计量单位。

12）拉线制作安装按施工图设计规定，分别不同形式，以"组"为计量单位。

13）横担安装按施工图设计规定，分不同形式和截面，以"根"为计量单位，定额按单根拉线考虑。若安装V形、Y形或双拼形拉线时，按2根计算。拉线长度按设计全根长度计算，设计无规定时可按表5-31计算。

表5-31　拉线长度　　　　　　　　　（单位：m/根）

项目		普通拉线	V（Y）形拉线	弓形拉线
杆/m	8	11.47	22.94	9.33
	9	12.61	25.22	10.10
	10	13.74	27.48	10.29
	11	15.10	30.20	11.82
	12	16.14	32.28	12.62
	13	18.69	37.38	13.42
	14	19.68	39.36	15.12
水平拉线		26.47	—	—

14）导线架设，分别导线类型和不同截面以"km/单线"为计量单位计算。导线预留长度按表 5-29 计算。

导线长度按线路总长度和预留长度之和计算。计算主材费时应另增加规定的损耗率。

15）导线跨越架设，包括越线架的搭拆和运输以及因跨越（障碍）施工难度增加而增加的工作量，以"处"为计量单位。每个跨越间距按 50m 以内考虑，大于 50m 而小于 100m 时按 2 处计算，以此类推。在计算架线工程量时，不扣除跨越档的长度。

16）杆上变配电设备安装以"台"或"组"为计量单位，定额内包括杆和钢支架及设备的安装工作。但钢支架主材、连引线、线夹、金具等应按设计规定另行计算，设备的接地安装和调试应按本册相应定额另行计算。

2. 定额工程量计算说明

1）本定额按平地施工条件考虑，如在其他地形条件下施工时，其人工和机械按表 5-32 地形系数予以调整。

表 5-32　地形系数

地形类别	丘陵（市区）	一般山地、泥沼地带
调整系数	1.20	1.60

2）地形划分的特征。

① 平地：地形比较平坦、地面比较干燥的地带。

② 丘陵：地形有起伏的矮岗、土丘等地带。

③ 一般山地：一般山岭或沟谷地带、高原台地等。

④ 泥沼地带：经常积水的田地或泥水淤积的地带。

3）预算编制中，全线地形分几种类型时，可按各种类型长度所占百分比求出综合系数进行计算。

4）土质分类。

① 普通土：种植土、黏砂土、黄土和盐碱土等，主要利用锹、铲即可挖掘的土质。

② 坚土：土质坚硬难挖的红土、板状黏土、重块土、高岭土，必须用铁镐、条锄挖松，再用锹、铲挖掘的土质。

③ 松砂石：碎石、卵石和土的混合体，各种不坚实的砾岩、页岩、风化岩及节理和裂缝较多的岩石等（不需用爆破方法开采的），需要镐、撬棍、大锤、楔子等工具配合才能挖掘者。

④ 岩石：一般为坚实的粗花岗岩、白云岩、片麻岩、玢岩、石英岩、大理岩、石灰岩、石灰质胶结的密实砂岩的石质，不能用一般挖掘工具进行开

挖，必须采用打眼、爆破或打凿才能开挖的石质。

⑤ 泥水：坑的周围经常积水，坑的土质松散，如淤泥和沼泽地等挖掘时因水渗入和浸润而成泥浆，容易坍塌，需用挡土板和适量排水才能施工。

⑥ 流砂：坑的土质为砂质或分层砂质，挖掘过程中砂层有上涌现象，容易坍塌，挖掘时需排水和采用挡土板才能施工。

5）主要材料运输质量的计算按表 5-33 规定执行。

表 5-33　主要材料运输质量计算

材料名称		运输质量/kg	备注
混凝土制品	人工浇制	2600	包括钢筋
	离心浇制	2860	包括钢筋
线材	导线	$m \times 1.15$	有线盘
	钢绞线	$m \times 1.07$	无线盘
木杆材料		450	包括木横担
金具、绝缘子		$m \times 1.07$	—
螺栓		$m \times 1.01$	—

注：1. m 为理论质量。

　　2. 未列入者均按净重计算。

6）线路一次施工工程量按 5 根以上电杆考虑；如 5 根以内者，其全部人工、机械乘以系数 1.3。

7）若出现钢管杆的组立，按同高度混凝土杆组立的人工、机械乘以系数 1.4，材料不调整。

8）导线跨越架设。

① 每个跨越间距均按 50m 以内考虑，大于 50m 而小于 100m 时，按 2 处计算，以此类推。

② 在同跨越档内，有多种（或多次）跨越物时，应根据跨越物种类分别执行定额。

③ 跨越定额仅考虑因跨越而多耗的人工、机械台班和材料，在计算架线工程量时，不扣除跨越档的长度。

9）杆上变压器安装不包括变压器调试、抽芯、干燥工作。

三、10kV 以下架空配电线路工程量计算实例

【例 5-12】　如图 5-5 所示一外线工程，电杆高 12m，间距均为 45m，丘陵地区施工，室外杆上变压器容量为 315kV·A，变压器台杆高 14m。试求各项的工程量。

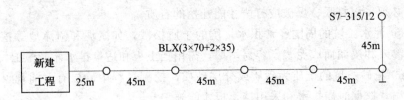

图 5-5 外线工程平面图

【解】

(1) 基本工程量

1) $70mm^2$ 的导线长度：$(45×5+25)×3m=750m$

2) $35mm^2$ 的导线长度：$(45×5+25)×2m=500m$

3) 立混凝土电杆：高 12m；5 根

4) 普通拉线制作安装：5 根

5) 杆上变压器组装：S7-315/12：1 台

6) 进户线铁横担安装：1 组

(2) 清单工程量

1) $70mm^2$ 的导线长度：$(750+2.5+2.0×5+2.5)m=765m$

2) $35mm^2$ 的导线长度：$(500+2.5+2.0×5+2.5)m=515m$

清单工程量计算表见表 5-34。

表 5-34 【例 5-12】清单工程量计算表

序号	项目编码	项目名称	项目特征描述	工程数量	计量单位
1	03041003001	导线架设	$70mm^2$	0.77	km
2	03041003002	导线架设	$35mm^2$	0.52	km
3	03041001001	电杆组立	混凝土电杆	5	根
4	03041002001	横担组装	二线，一端埋设式	1	组

(3) 定额工程量

1) $70mm^2$ 橡皮绝缘铝芯导线架设 0.75km（套用《全国统一安装工程预算定额》2-811）。

① 人工费：197.83 元/km×0.75km=148.37 元

② 材料费：186.07 元/km×0.75km=139.55 元

③ 机械费：33.19 元/km×0.75km=24.89 元

2）35mm² 橡皮绝缘铝芯导线架设 0.50km（套用《全国统一安装工程预算定额》2—810）

① 人工费：101.47 元/km×0.50km＝50.73 元

② 材料费：91.52 元/km×0.50km＝45.76 元

③ 机械费：23.07 元/km×0.50km＝11.54 元

3）立混凝土电杆，高 12m 5 根（套用《全国统一安装工程预算定额》2—772）

① 人工费：44.12 元/根×5 根＝220.60 元

② 材料费：3.92 元/根×5 根＝19.60 元

③ 机械费：18.46 元/根×5 根＝92.30 元

4）普通拉线制作安装

① 35mm² 普通拉线制作安装　5 根（套用《全国统一安装工程预算定额》2—804）

a. 人工费：10.45 元/根×5 根＝52.25 元

b. 材料费：2.47 元/根×5 根＝12.35 元

② 70mm² 普通拉线制作安装　5 根（套用《全国统一安装工程预算定额》2—805）

a. 人工费：12.77 元/根×5 根＝63.85 元

b. 材料费：3.08 元/根×5 根＝15.40 元

5）进户线横担安装，二线，一端埋设式　1 组（套用《全国统一安装工程预算定额》2—798）

① 人工费：5.57 元/根×1 组＝5.57 元

② 材料费：0.70 元/根×1 组＝0.70 元

6）杆上变压器组装 315kV·A（套用《全国统一安装工程预算定额》2—832）

① 人工费：280.03 元/台×1 台＝280.03 元

② 材料费：81.38 元/台×1 台＝81.38 元

③ 机械费：135.81 元/台×1 台＝135.81 元

第十一节　配管、配线工程量计算

一、配管、配线清单工程量计算规则

配管、配线工程量清单项目设置、项目特征描述的内容、计量单位及工程量计算规则，应按表 5-35 的规定执行。

表 5-35　配管、配线（编码：030411）

项目编码	项目名称	项目特征	计量单位	工程量计算规则	工作内容
030411001	配管	1. 名称 2. 材质 3. 规格 4. 配置形式 5. 接地要求 6. 钢索材质、规格	m	按设计图示尺寸以长度计算	1. 电线管路敷设 2. 钢索架设（拉紧装置安装） 3. 预留沟槽 4. 接地
030411002	线槽	1. 名称 2. 材质 3. 规格			1. 本体安装 2. 补刷（喷）油漆
030411003	桥架	1. 名称 2. 型号 3. 规格 4. 材质 5. 类型 6. 接地要求			1. 本体安装 2. 接地
030411004	配线	1. 名称 2. 配线形式 3. 型号 4. 规格 5. 材质 6. 配线部位 7. 配线线制 8. 钢索材质、规格	m	按设计图示尺寸以单线长度计算（含预留长度）	1. 配线 2. 钢索架设（拉紧装置安装） 3. 支持体（夹板、绝缘子、槽板等）安装
030411005	接线箱	1. 名称 2. 材质 3. 规格 4. 安装形式	个	按设计图示数量计算	本体安装
030411006	接线盒				

注：1. 配管、线槽安装不扣除管路中间的接线箱（盒）、灯头盒、开关盒所占长度。
　　2. 配管名称指电线管、钢管、防爆管、塑料管、软管、波纹管等。
　　3. 配管配置形式指明配、暗配、吊顶内、钢结构支架、钢索配管、埋地敷设、水下敷设、砌筑沟内敷设等。
　　4. 配线名称指管内穿线、瓷夹板配线、塑料夹板配线、绝缘子配线、槽板配线、塑料护套配线、线槽配线、车间带形母线等。
　　5. 配线形式指照明线路，动力线路，木结构，顶棚内，砖、混凝土结构，沿支架、钢索、屋架、梁、柱、墙，以及跨屋架、梁、柱。
　　6. 配线保护管遇到下列情况之一时，应增设管路接线盒和拉线盒：
　　（1）管长度每超过 30m，无弯曲。
　　（2）管长度每超过 20m，有 1 个弯曲。
　　（3）管长度每超过 15m，有 2 个弯曲。
　　（4）管长度每超过 8m，有 3 个弯曲。垂直敷设的电线保护管遇到下列情况之一时，应增设固定导线用的拉线盒：
　　（1）管内导线截面为 50mm² 及以下，长度每超过 30m。
　　（2）管内导线截面为 70~95mm²，长度每超过 20m。
　　（3）管内导线截面为 120~240mm²，长度每超过 18m。在配管清单项目计量时，设计无要求时上述规定可以作为计量接线盒、拉线盒的依据。
　　7. 配管安装中不包括凿槽、刨沟，应按本书表 5-49 相关项目编码列项。
　　8. 配线进入箱、柜、板的预留长度见表 5-36。

表 5－36　配线进入箱、柜、板的预留长度（每一根）

序号	项目	预留长度	说明
1	各种开关箱、柜、板	高＋宽	盘面尺寸
2	单独安装（无箱、盘）的铁壳开关、闸刀开关、启动器、线槽进出线盒	0.3m	从安装对象中心起算
3	由地面管子出口引至动力接线箱	1.0m	从管口计算
4	电源与管内导线连接（管内穿线与软、硬母线接点）	1.5m	从管口计算
5	出户线	1.5m	从管口计算

二、配管、配线定额工程量计算规则

1. 定额工程量计算规则

1）各种配管应区别不同敷设方式、敷设位置、管材材质、规格，以"延长米"为计量单位计算，不扣除管路中间的接线箱（盒）、灯头盒、开关盒所占长度。

2）定额中未包括钢索架设及拉紧装置、接线箱（盒）、支架的制作安装，其工程量应另行计算。

3）管内穿线的工程量，应区别线路性质、导线材质、导线截面，以单线"延长米"为计量单位计算。线路分支接头线的长度已综合考虑在定额中，不得另行计算。

照明线路中的导线截面大于或等于 $6mm^2$ 时，应执行动力线路穿线相应项目。

4）线夹配线工程量，应区别线夹材质（塑料、瓷质）、线式（两线、三线）、敷设位置（在木、砖、混凝土）以及导线规格，以线路"延长米"为计量单位计算。

5）绝缘子配线工程量，应区别绝缘子形式（针式、鼓形、蝶式）、绝缘子配线位置（沿屋架、梁、柱、墙，跨屋架、梁、柱、木结构、顶棚内、砖、混凝土结构，沿钢支架及钢索）、导线截面积，以线路"延长米"为计量单位计算。

绝缘子暗配，引下线按线路支持点至天棚下缘距离的长度计算。

6）槽板配线工程量，应区别槽板材质（木质、塑料）、配线位置（在木结构、砖、混凝土）、导线截面、线式（二线、三线），以线路"延长米"为计量单位计算。

7）塑料护套线明敷工程量，应区别导线截面、导线芯数（二芯、三芯）、敷设位置（在木结构、砖混凝土结构，沿钢索），以单根线路"延长米"为计量单位计算。

8）线槽配线工程量，应区别导线截面，以单根线路"延长米"为计量单位计算。

9）钢索架设工程量，应区别圆钢、钢索直径（$\phi 6$，$\phi 69$），按图示墙（柱）内缘距离，以"延长米"为计量单位计算，不扣除拉紧装置所占长度。

10）母线拉紧装置及钢索拉紧装置制作安装工程量，应区别母线截面、花篮螺栓直径（12mm，16mm，18mm），以"套"为计量单位计算。

11）车间带形母线安装工程量，应区别母线材质（铝、铜）、母线截面、安装位置（沿屋架、梁、柱、墙，跨屋架、梁、柱），以"延长米"为计量单位计算。

12）动力配管混凝土地面刨沟工程量，应区别管子直径，以"延长米"为计量单位计算。

13）接线箱安装工程量，应区别安装形式（明装、暗装）、接线箱半周长，以"个"为计量单位计算。

14）接线盒安装工程量，应区别安装形式（明装、暗装、钢索上）及接线盒类型，以"个"为计量单位计算。

15）灯具，明、暗开关，插座、按钮等的预留线，已分别综合在相应定额内，不另行计算。配线进入开关箱、柜、板的预留线，按表 5-36 规定的长度，分别计入相应的工程量。

2. 定额工程量计算说明

1）配管工程均未包括接线箱、盒及支架的制作、安装。钢索架设及拉紧装置的制作、安装，插接式母线槽支架制作、槽架制作及配管支架，应执行铁构件制作定额。

2）连接设备导线预留长度见表 5-36。

三、配管、配线工程量计算实例

【例 5-13】 某仓库的内部安装有一台照明配电箱 XMR-10（箱高 0.4m，宽 0.5m，深 0.2m），嵌入式安装；套防水防尘灯，GC1-A-150。采用 3 个单联跷板暗开关控制。单相三孔暗插座二个，室内照明线路为刚性阻燃塑料管 PVC15 暗配，管内穿 BV-2.5 导线，照明回路为 2 根线，插座回路为 3 根线。经计算，室内配管（PVC15）的工程量为：照明回路（2 个）共 42m，插座回路（1 个）共 12m。试编制配管配线的分部分项工程量清单。见图 5-6。

【解】

（1）基本工程量

1）电气配管（PVC15）：（42+12）m=54m

2）管内穿线（BV-2.5）：（42×2+12×3+0.3×2+0.3×3）m

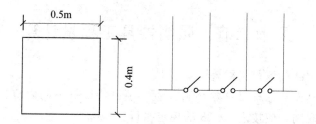

图 5 - 6　某仓库电气照明配电图

＝121.5m

（2）清单工程量　清单工程量计算表见表 5 - 37。

表 5 - 37　【例 5 - 13】清单工程量计算表

序号	项目编码	项目名称	项目特征描述	工程数量	计量单位
1	030411001001	配管	1. 材质、规格：刚性阻燃塑料管（PVC15） 2. 配置形式及部位：砖、混凝土结构暗配 3. 管路敷设 4. 灯头盒、开关盒、插座盒安装	54	m
2	030411004001	配线	1. 配线形式：管内穿线 2. 导线型号、材质、规格：BV－2.5 3. 照明线路管内穿线	121.5	m

（3）定额工程量

1）电气配管 54m（套用预算定额 2－1110）

① 人工费：214.55 元/100m

② 材料费：126.10 元/100m

③ 机械费：23.48 元/100m

注：不包含主要材料费。

2）电气配线 121.5m（套用预算定额 2－1172）

① 人工费：23.22 元/100m，单线

② 材料费：17.81 元/100m，单线

注：不包含主要材料费。

第十二节　照明器具工程量计算

一、照明器具清单工程量计算规则

照明器具安装工程量清单项目设置、项目特征描述的内容、计量单位及工程量计算规则，应按表 5-38 的规定执行。

表 5-38　照明器具安装（编码：030412）

项目编码	项目名称	项目特征	计量单位	工程量计算规则	工作内容
030412001	普通灯具	1. 名称 2. 型号 3. 规格 4. 类型	套	按设计图示数量计算	本体安装
030412002	工厂灯	1. 名称 2. 型号 3. 规格 4. 安装形式			
030412003	高度标识（障碍）灯	1. 名称 2. 型号 3. 规格 4. 安装形式 5. 安装高度			
030412004	装饰灯	1. 名称 2. 型号 3. 规格 4. 安装形式			
030412005	荧光灯				
030412006	医疗专用灯	1. 名称 2. 型号 3. 规格			
30412007	一般路灯	1. 名称 2. 型号 3. 规格 4. 灯杆材质、规格 5. 灯架形式及臂长 6. 附件配置要求 7. 灯杆形式（单、双） 8. 基础形式、砂浆配合比 9. 杆座材质、规格 10. 接线端子材质、规格 11. 编号 12. 接地要求			1. 基础制作、安装 2. 立灯杆 3. 杆座安装 4. 灯架及灯具附件安装 5. 焊、压接线端子 6. 补刷（喷）油漆 7. 灯杆编号 8. 接地

续表

项目编码	项目名称	项目特征	计量单位	工程量计算规则	工作内容
030412008	中杆灯	1. 名称 2. 灯杆的材质和高度 3. 灯架材质、规格 4. 附件配制 5. 光源数量 6. 基础形式、浇筑材料 7. 杆座材质、规格 8. 接线端子材质、规格 9. 铁构件规格 10. 编号 11. 灌浆配合比 12. 接地要求	套	按设计图示数量计算	1. 基础浇筑 2. 立灯杆 3. 杆座安装 4. 灯架及灯具附件安装 5. 焊、压接线端子 6. 铁构件安装 7. 补刷（喷）油漆 8. 灯杆编号 9. 接地
030412009	高杆灯	1. 名称 2. 灯杆高度 3. 灯架形式（成套或组装、固定或升降） 4. 附件配制 5. 光源数量 6. 基础形式、浇筑材料 7. 杆座材质、规格 8. 接线端子材质、规格 9. 铁构件规格 10. 编号 11. 灌浆配合比 12. 接地要求			1. 基础浇筑 2. 立灯杆 3. 杆座安装 4. 灯架及灯具附件安装 5. 焊、压接线端子 6. 铁构件安装 7. 补刷（喷）油漆 8. 灯杆编号 9. 升降机构接线调试 10. 接地
030412010	桥栏杆灯	1. 名称 2. 型号 3. 规格 4. 安装形式			1. 灯具安装 2. 补刷（喷）油漆
030412011	地道涵洞灯				

注：1. 普通灯具包括圆球吸顶灯、半圆球吸顶灯、方形吸顶灯、软线吊灯、座灯头、吊链灯、防水吊灯、壁灯等。

2. 工厂灯包括工厂罩灯、防水灯、防尘灯、碘钨灯、投光灯、泛光灯、混光灯、密闭灯等。

3. 高度标志（障碍）灯包括烟囱标志灯、高塔标志灯、高层建筑屋顶障碍指示灯等。

4. 装饰灯包括吊式艺术装饰灯、吸顶式艺术装饰灯、荧光艺术装饰灯、几何形组合艺术装饰灯、标志灯、诱导装饰灯、水下（上）艺术装饰灯、点光源艺术灯、歌舞厅灯具、草坪灯具等。

5. 医疗专用灯包括病房指示灯、病房暗脚灯、紫外线杀菌灯、无影灯等。

6. 中杆灯是指安装在高度小于或等于19m的灯杆上的照明器具。

7. 高杆灯是指安装在高度大于19m的灯杆上的照明器具。

二、照明器具定额工程量计算规则

1. 定额工程量计算规则

1) 普通灯具安装的工程量，应区别灯具的种类、型号、规格，以"套"为计量单位计算。普通灯具安装定额适用范围见表5-39。

表5-39　普通灯具安装定额适用范围

定额名称	灯具种类
圆球吸顶灯	材质为玻璃的螺口、卡口圆球独立吸顶灯
半圆球吸顶灯	材质为玻璃的独立的半圆球吸顶灯、扁圆罩吸顶灯、平圆形吸顶灯
方形吸顶灯	材质为玻璃的独立的矩形罩吸顶灯、方形罩吸顶灯、大口方罩吸顶灯
软线吊灯	利用软线为垂吊材料，独立的，材质为玻璃、塑料、搪瓷，形状如碗、伞、平盘灯罩组成的各式软线吊灯
吊链灯	利用吊链作辅助悬吊材料，独立的，材质为玻璃、塑料罩的各式吊链灯
防水吊灯	一般防水吊灯
一般弯脖灯	圆球弯脖灯，风雨壁灯
一般墙壁灯	各种材质的一般壁灯、镜前灯
软线吊灯头	一般吊灯头
声光控座灯头	一般声控、光控座灯头
座灯头	一般塑胶、瓷质座灯头

2) 吊式艺术装饰灯具的工程量，应根据装饰灯具示意图集所示，区别不同装饰物以及灯体直径和灯体垂吊长度，以"套"为计量单位计算。灯体直径为装饰物的最大外缘直径，灯体垂吊长度为灯座底部到灯梢之间的总长度。

3) 吸顶式艺术装饰灯具安装的工程量，应根据装饰灯具示意图集所示，区别不同装饰物、吸盘的几何形状、灯体直径、灯体周长和灯体垂吊长度，以"套"为计量单位计算。灯体直径为吸盘最大外缘直径，灯体半周长为矩形吸盘的半周长，吸顶式艺术装饰灯具的灯体垂吊长度为吸盘到灯梢之间的总长度。

4) 荧光艺术装饰灯具安装的工程量，应根据装饰灯具示意图集所示，区别不同安装形式和计量单位计算。

①组合荧光灯光带安装的工程量，应根据装饰灯具示意图集所示，区别安装形式、灯管数量，以"延长米"为计量单位计算。灯具的设计数量与定额不符时，可以按设计量加损耗量调整主材。

②内藏组合式灯安装的工程量，应根据装饰灯具示意图集所示，区别灯具组合形式，以"延长米"为计量单位。灯具的设计数量与定额不符时，可

根据设计数量加损耗量调整主材。

③发光棚安装的工程量，应根据装饰灯具示意图集所示，以"m²"为计量单位。发光棚灯具按设计用量加损耗量计算。

④立体广告灯箱、荧光灯光沿的工程量，应根据装饰灯具示意图集所示，以"延长米"为计量单位计算。灯具设计用量与定额不符时，可根据设计数量加损耗量调整主材。

5）几何形状组合艺术灯具安装的工程量，应根据装饰灯具示意图集所示，区别不同安装形式及灯具的不同形式，以"套"为计量单位计算。

6）标志、诱导装饰灯具安装的工程量，应根据装饰灯具示意图集所示，区别不同安装形式，以"套"为计量单位计算。

7）水下艺术装饰灯具安装的工程量，应根据装饰灯具示意图集所示，区别不同安装形式，以"套"为计量单位计算。

8）点光源艺术装饰灯具安装的工程量，应根据装饰灯具示意图集所示，区别不同安装形式、不同灯具直径，以"套"为计量单位计算。

9）草坪灯具安装的工程量，应根据装饰灯具示意图集所示，区别不同安装形式，以"套"为计量单位计算。

10）歌舞厅灯具安装的工程量，应根据装饰灯具示意图所示，区别不同灯具形式，分别以"套""延长米""台"为计量单位计算。

装饰灯具安装定额适用范围见表5-40。

表5-40　装饰灯具安装定额适用范围

定额名称	灯具种类
吊式艺术装饰灯具	不同材质、不同灯体垂吊长度、不同灯体直径的蜡烛灯、挂片灯、串珠（穗）灯、串棒灯、吊杆式组合灯、玻璃罩（带装饰）灯
吸顶式艺术装饰灯具	不同材质、不同灯体垂吊长度、不同灯体几何形状的串珠（穗）灯、串棒灯、挂片、挂碗、挂吊碟灯、玻璃（带装饰）灯
荧光艺术装饰灯具	不同安装形式、不同灯管数量的组合荧光灯光带，不同几何组合形式的内藏组合式灯，不同几何尺寸、不同灯具形式的发光棚，不同形式的立体广告灯箱、荧光灯光沿
几何形状组合艺术灯具	不同固定形式、不同灯具形式的繁星灯、钻石星灯、扎花灯、玻璃罩钢架组合灯、凸片灯、烦着挂灯、筒形钢架灯、U形组合灯、弧形管组合灯
标志、诱导装饰灯具	不同安装形式的标志灯、诱导灯
水下艺术装饰灯具	简易型彩灯、密封型彩灯、喷水池灯、幻光形灯
点光源艺术装饰灯具	不同安装形势、不同灯体直径的筒灯、牛眼灯、射灯、轨道射灯
草坪灯具	各种立柱灯、墙壁式的草坪灯

定额名称	灯具种类
歌舞厅灯具	各种安装形式的变色转盘灯、雷达射灯、幻影转彩灯、维纳斯旋转彩灯、卫星旋转效果灯、飞碟旋转效果灯、多头转灯、滚筒灯、频闪灯、太阳灯、雨灯、歌星灯、边界灯、射灯、泡泡发生器、迷你满天星彩灯、迷你单立（盘彩灯）、多头宇宙灯、镜面球灯、蛇光管

11) 荧光灯具安装的工程量，应区别灯具的安装形式、灯具种类、灯管数量，以"套"为计量单位计算。

荧光灯具安装定额适用范围见表 5－41。

表 5－41　荧光灯具安装定额适用范围

定额名称	灯具种类
组装型荧光灯	单管、双管、三管吊链式、吸顶式，现场组装独立荧光灯
成套型荧光灯	单管、双管、三管、吊链式、吊管式、吸顶式、成套独立荧光灯

12) 工厂灯及防水防尘灯安装的工程量，应区别不同安装形式，以"套"为计量单位计算。

工厂灯及防水防尘灯安装定额适用范围见表 5－42。

表 5－42　工厂灯及防水防尘灯安装定额适用范围

定额名称	灯具种类
直杆工厂吊灯	配照（GC_1-A），广照（GC_3-A），深照（GC_5-A），斜照（GC_7-A），圆球（$GC_{17}-A$），双罩（$GC_{19}-A$）
吊链式工厂灯	配照（GC_1-B），深照（GC_3-B），斜照（GC_5-C），圆球（GC_7-C），双罩（$GC_{19}-C$）
吸顶式工厂灯	配照（GC_1-C），广照（GC_3-C），深照（GC_5-C），斜照（GC_7-C），双罩（$GC_{19}-C$），局部深罩（$GC_{26}-F/H$）
弯杆式工厂灯	配照（GC_1-D/E），广照（GC_3-D/E），深照（GC_5-D/E），斜照（GC_7-D/E），圆球（$GC_{17}-A$），双罩（$GC_{19}-A$）
悬挂式工厂灯	配照（$GC_{21}-2$），深照（$GC_{23}-2$）
防水防尘灯	广照（GC_9-A, B, C），广照保护网（$GC_{11}-A, B, C$），散照（$GC_{15}-A, B, C, D, E, F, G$）

13) 工厂其他灯具安装的工程量，应区别不同灯具类型、安装形式、安装高度，以"套""个""延长米"为计量单位计算。

工厂其他灯具安装定额适用范围见表 5－43。

表 5-43　工厂其他灯具安装定额适用范围

定额名称	灯具种类
防潮灯	扇形防潮灯（GC—31），防潮灯（GC—33）
腰形舱顶灯	腰形舱顶灯（CCD—1）
碘钨灯	DW 型，220V，300～1000W
管形氙气灯	自然冷却式，200V/380V，20kW 内
投光灯	TG 型室外投光灯
高压水银灯镇流器	外附式镇流器具 125～450W
安全灯	AOB—1，2，3 型和 AOC—1，2 型安全灯
防爆灯	CBC—200 型防爆灯
高压水银防爆灯	CBC—125/250 型高压水银防爆灯
防爆荧光灯	CBC—1/2 单/双管防爆型荧光灯

14）医院灯具安装的工程量，应区别灯具种类，以"套"为计量单位计算。

医院灯具安装定额适用范围见表 5-44。

表 5-44　医院灯具安装定额适用范围

定额名称	灯具种类
病房指示灯	病房指示灯
病房暗角灯	病房暗角灯
无影灯	3～12 孔管式无影灯

15）路灯安装工程，应区别不同臂长、不同灯数，以"套"为计量单位计算。

工厂厂区内、住宅小区内路灯安装执行本定额。城市道路的路灯安装执行《全国统一市政工程预算定额》GYD-309—2001。

路灯安装定额范围见表 5-45。

表 5-45　路灯安装定额范围

定额名称	灯具种类
大马路弯灯	臂长 1200mm 以下，臂长 1200mm 以上
庭院路灯	三火以下，七火以下

16）开关、按钮安装的工程量，应区别开关、按钮安装形式，开关、按钮种类，开关极数以及单控与双控，以"套"为计量单位计算。

17）插座安装的工程量，应区别电源相数、额定电流、插座安装形式、插座插孔个数，以"套"为计量单位计算。

18）安全变压器安装的工程量，应区别安全变压器容量，以"台"为计量单位计算。

19）电铃、电铃号码牌箱安装的工程量，应区别电铃直径、电铃号牌箱规格（号），以"套"为计量单位计算。

20）门铃安装工程量计算，应区别门铃安装形式，以"个"为计量单位计算。

21）风扇安装的工程量，应区别风扇种类，以"台"为计量单位计算。

22）盘管风机三速开关、请勿打扰灯，须刨插座安装的工程量，以"套"为计量单位计算。

2. 定额工程量计算说明

1）各型灯具的引导线，除注明者外，均已综合考虑在定额内，执行时不得换算。

2）路灯、投光灯、碘钨灯、氙气灯、烟囱或水塔指示灯，均已考虑了一般工程的高空作业因素，其他器具安装高度如超过 5m，则应按定额说明中规定的超高系数另行计算。

3）定额中装饰灯具项目均已考虑了一般工程的超高作业因素，并包括脚手架搭拆费用。

4）装饰灯具定额项目与示意图号配套使用。

5）定额内已包括用摇表测量绝缘及一般灯具的试亮工作，但不包括调试工作。

三、照明器具工程量计算实例

【例 5－14】 某工程为某辖区内某 6 层办公楼电气系统安装工程，首层为车库，层高为 4m，标准层二至六层为办公区，各层高均为 3.2m，天面女儿墙高为 1m。详见图 5－7～图 5－10。

（1）设计说明

1）电源由室外高压开关房引入本办公楼低压配电房内，采用三相四线制供电方式。

2）从低压配电房出线柜至层间配电箱进线采用电缆沿电缆桥架敷设，各层用电分别由同层层间配电箱采用难燃铜芯双塑线穿镀锌电线管方式供给。所有镀锌电线管均需配合土建预埋。

3）配电箱规格为 MX_1：300×200；$MX_2 \sim 6$：500×400，离楼地面 1.7m 暗装；扳式开关离楼地面 1.4m 暗装；插座离楼地面 0.3m 暗装，插座配管暗敷设在同层地板内；所有灯具均为吸顶式安装。

4）工程完工后保安接地电阻值不得大于 4Ω。

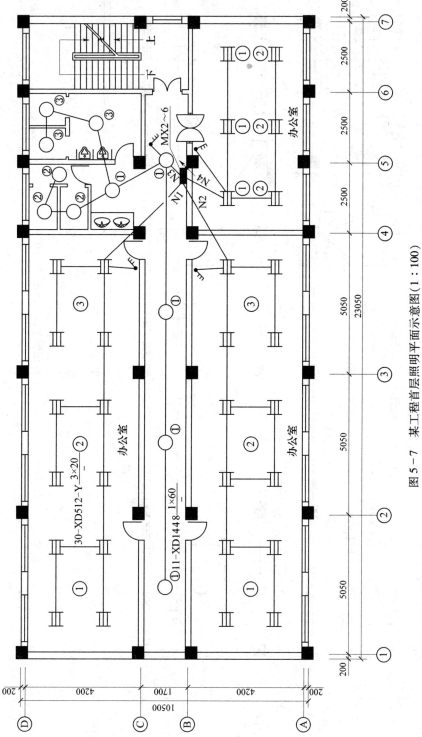

图 5-7 某工程首层照明平面示意图(1:100)

215

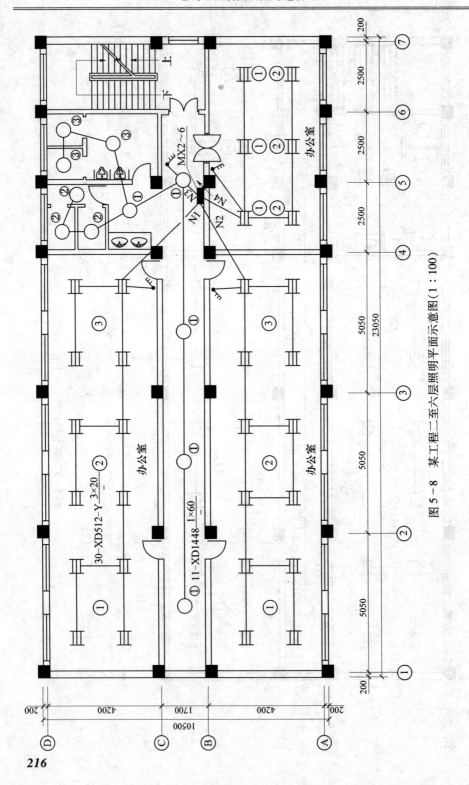

图 5 - 8 某工程二至六层照明平面示意图（1 : 100）

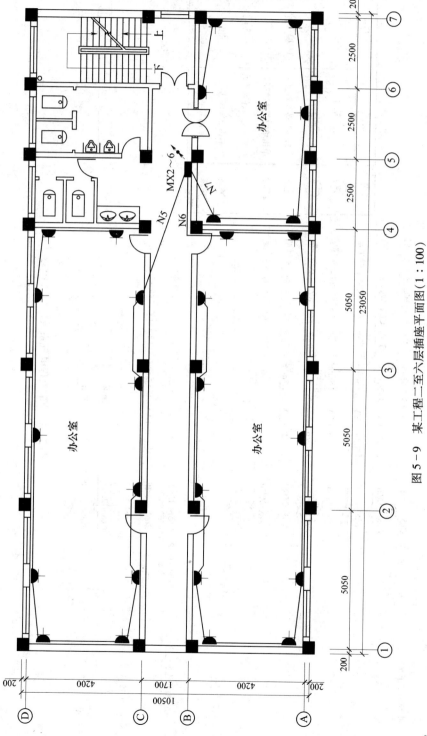

图 5 - 9 某工程二至六层插座平面图（1:100）

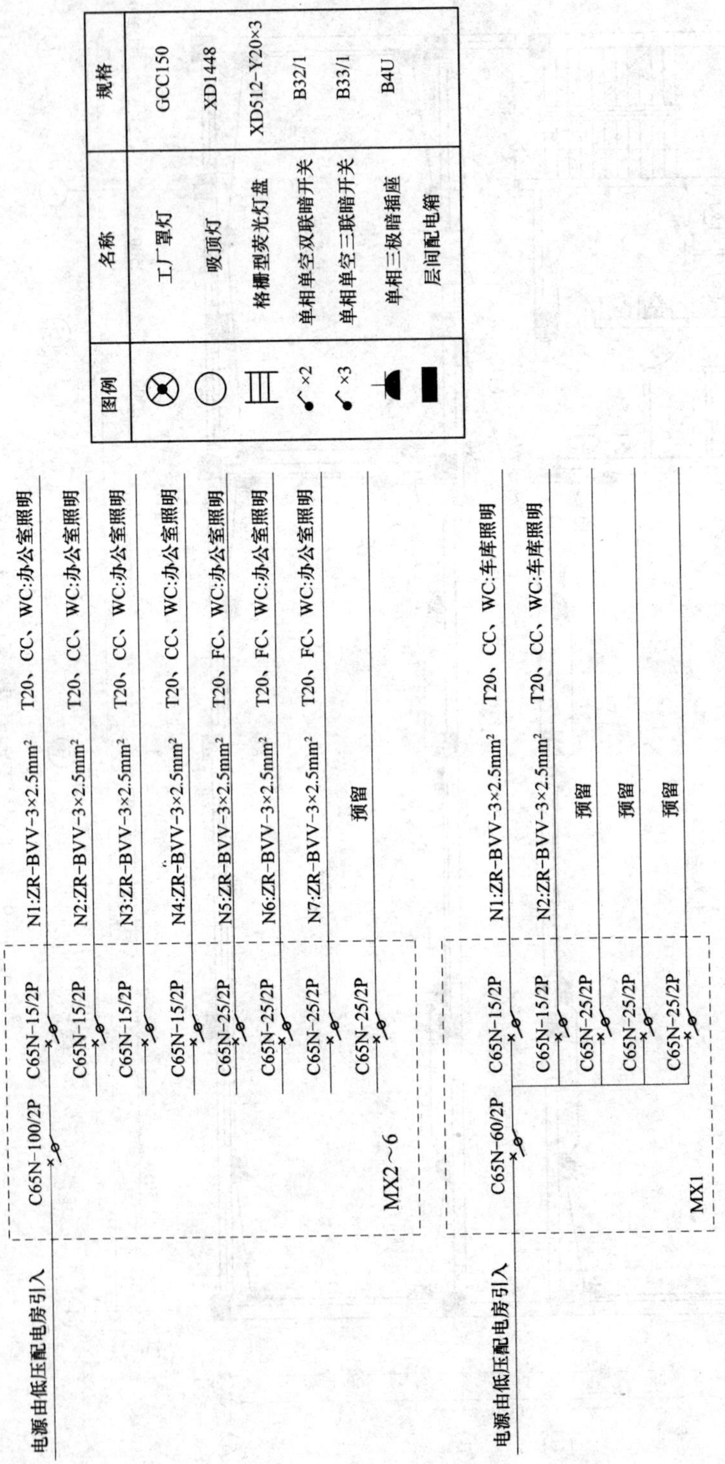

图例	名称	规格
⊗	工厂罩灯	GCC150
○	吸顶灯	XD1448
☰	格栅型荧光灯盘	XD512-Y20×3
⊢×2	单相单空双联暗开关	B32/1
⊢×3	单相单空三联暗开关	B33/1
◖	单相三极暗插座	B4U
▮	层间配电箱	

电源由低压配电房引入

MX2～6

C65N-100/2P

C65N-15/2P	N1:ZR-BVV-3×2.5mm²	T20、CC、WC:办公室照明
C65N-15/2P	N2:ZR-BVV-3×2.5mm²	T20、CC、WC:办公室照明
C65N-15/2P	N3:ZR-BVV-3×2.5mm²	T20、CC、WC:办公室照明
C65N-25/2P	N4:ZR-BVV-3×2.5mm²	T20、CC、WC:办公室照明
C65N-25/2P	N5:ZR-BVV-3×2.5mm²	T20、FC、WC:办公室照明
C65N-25/2P	N6:ZR-BVV-3×2.5mm²	T20、FC、WC:办公室照明
C65N-25/2P	N7:ZR-BVV-3×2.5mm²	预留

电源由低压配电房引入

MX1

C65N-60/2P

C65N-15/2P	N1:ZR-BVV-3×2.5mm²	T20、CC、WC:车库照明
C65N-15/2P	N2:ZR-BVV-3×2.5mm²	T20、CC、WC:车库照明
C65N-25/2P	预留
C65N-25/2P	预留
C65N-25/2P	预留

图 5-10 某工程电气系统图(1:100)

（2）计算范围

1）根据所给图纸，从层间配电箱出线（包括配电箱本体）开始计算至各用电负载止（包括用电设备）（工程量计算保留到小数后一位有效数字，第二位四舍五进）。

2）照明配电箱由投标人购置。

问题：

根据以上背景资料及国家现行标准《建设工程工程量清单计价规范》GB 50500—2013、《通用安装工程工程量计算规范》GB 50856—2013，试列出该电气安装工程分部分项工程量清单。

【解】

根据图 5-7～图 5-10 所示信息，得出相对应的该电气工程的清单工程量计算表见表 5-46，清单工程量汇总表见表 5-47；分部分项工程和单价措施项目清单与计价表见表 3-48。

表 5-46　【例 5-14】清单工程量计算表

工程名称：某 6 层办公楼电气安装工程　　　　　　　　　　　　　　第　页　共　页

序号	清单项目特征	计算式	清单工程量	计量单位
		首层照明		
1	镀锌电线管 T20　$\delta=1.2$ 暗敷	N1：$10+2.8+3.1+(4-1.7-0.2)$	18	
2	难燃铜芯双塑线 ZR-BVV-2.5mm² 穿管	N1：$[10+2.8+3.1+(4-1.7-0.2)]\times3+(0.3+0.2)\times3$（预留）	55.5	
3	镀锌电线管 T20　$\delta=1.2$ 暗敷	N2：$15.1+3.9+(4-1.7-0.2)$	21.1	m
4	难燃铜芯双塑线 ZR-BVV-2.5mm² 穿管照明线路	N2：$[15.1+3.9+(4-1.7-0.2)]\times3+(0.3+0.2)\times3$（预留）	64.8	
5	工厂罩灯 GCC-1×100 吸顶	$3+4$	7	套
6	照明配电箱 MX1　300mm×200mm 金属箱体　暗装	1	1	台
7	镀锌灯头盒 86 型　暗装	$3+4$	7	个
		二至六层照明		
8	镀锌电线管 T20　$\delta=1.2$ 暗敷	N1：$[(2.6+1.8)\times3+2.6+2.5+4.5+(3.2-1.7-0.4)]\times5$	119.5	
9	镀锌电线管 T25　$\delta=1.2$ 暗敷	N1：$[2.6+2.5+2.6+1.2+(3.2-1.4)]\times5$	53.5	m
10	难燃铜芯双塑线 ZR-BVV-2.5mm² 穿管照明线路	N1：$[(2.6+1.8)\times3\times3+2.6\times3+2.5\times3+2.6\times4+2.5\times4+2.6\times5+1.2\times5+1.8\times4+4.5\times3+1.1\times3]\times5+(0.5+0.4)\times3\times5$（预留）	605	

续表

序号	清单项目特征	计算式	清单工程量	计量单位
11	格栅荧光灯盘 XD512－Y20×3 吸顶	12×5	60	套
12	单相单控三联暗开关 B53/1 86型	1×5	60	
13	镀锌灯头盒86型　暗装	4×3×5	5	个
14	镀锌开关盒86型　暗装	1×5	60	
15	镀锌电线管 T20　δ=1.2暗敷	N2:[(2.6+1.8)×3+2.6+2.5+3.6+(3.2-1.7-0.4)]×5	115	m
16	镀锌电线管 T25　δ=1.2暗敷	N2:[(2.6+2.5+2.6+1.2+(3.2-1.4)]×5	53.5	
17	难燃铜芯双塑线 ZR－BVV－2.5mm² 穿管照明线路	N2:[(2.6+1.8)×3×3+2.6×3+2.5×3+2.6×4+2.5×4+2.6×5+1.2×5+1.8×4+3.6×3+1.1×3]×5+(0.5+0.4)×3×5(预留)	591.5	
18	格栅荧光灯盘 XD512－Y20×3 吸顶	12×5	60	套
19	单相单控三联暗开关 B53/1 86型	1×5	60	
20	镀锌灯头盒86型　暗装	4×3×5	5	个
21	镀锌开关盒86型　暗装	1×5	60	
22	镀锌电线管 T20　δ=1.2暗敷	N3:[(15.3+1.6+1.1+1.5+2.5+1.9+1.3+0.8+)3.2-1.7-0.4]×5	135.5	m
23	镀锌电线管 T25　δ=1.2暗敷	N3:(2.3+1+1.8)×5	25.5	
24	难燃铜芯双塑线 ZR－BVV－2.5mm² 穿管照明线路	N3:[15.3×3+2.3×5+(1.6+1.1+1.5+2.5+1.9+1.3)×3+(1+1.8)×4+0.8×3+(3.2-1.7-0.4)]×3+[(0.5+0.4)×3(预留)]×5	533.5	
25	半圆球吸顶灯 XD1448－1×60φ250	11×5	55	套
26	单相单控三联暗开关 B53/1 86型	1×5	5	
27	镀锌灯头盒86型　暗装	(5+3+3)×5	55	个
28	镀锌开关盒86型　暗装	1×5	5	
29	镀锌电线管 T20　δ=1.2暗敷	N4:[5.2×2+1.8+2.1+(3.2-1.4)+1.6+1.1]×5	94	m
30	难燃铜芯双塑线 ZR－BVV－2.5mm² 穿管照明线路	N4:(5.2×2+1.8+2.1+1.8+1.6+1.1)×3×5+(0.5+0.4)×3×5(预留)	295.5	

续表

序号	清单项目特征	计算式	清单工程量	计量单位
31	单相单控双联暗开关 B52/1 86 型	1×5	5	套
32	格栅荧光灯盘 XD512-Y20×3 吸顶	6×5	30	
33	照明配电箱 MX2~6 500×400 金属箱体 暗装	1×5	5	台
34	镀锌灯头盒 86 型 暗装	3×2×5	30	个
35	镀锌开关盒 86 型 暗装	1×5	5	
	二至六层插座			
36	镀锌电线管 T20 $\delta=1.2$ 暗敷	N5、N6:[(2.5+2.3+10+2.3+2.9+2.3+10)×2+4.8+1.75+1.4+2.3+1.75+0.35×21×2]×5	456.5	m
37	镀锌电线管 T20 $\delta=1.2$ 暗敷	N7:(2.7+2.9+3.3+3.9+2.9+2.2+1.75+0.35×11)×5	117.5	
38	难燃铜芯双塑线 ZR-BVV-2.5mm² 穿管照明线路	N5、N6:[(2.5+2.3+10+2.3+2.9+2.3+10)×2+4.8+1.75+1.4+2.3+1.75+0.35×21×2]×5×3×2+(0.5+0.4)×3×5(预留)	1423.5	
39	难燃铜芯双塑线 ZR-BVV-2.5mm² 穿管照明线路	N7:(2.7+2.9+3.3+3.9+2.9+2.2+1.75+0.35×11)×5×3+(0.5+0.4)×3×5(预留)	366	
40	单相三极暗插座 B5/10S 86 型	(11×2+6)×5	140	套
41	镀锌灯头盒 86 型 暗装	(11×2+6)×5	140	个
42	送配电系统调试 1kV 以下	1	1	系统
43	接地电阻测试接地网	1	1	

表 5-47 【例 5-14】清单工程量汇总表

工程名称:某 6 层办公楼电气安装工程   第 页 共 页

序号	清单项目编码	清单项目特征	计算式	工程量合计	计量单位
1	030411001001	配管	镀锌电线管 T20 $\delta=1.2$ 暗敷，18+21.1+119.5+115+135.5+94+456.5+117.5	1077.1	
2	030411001002	配管	镀锌电线管 T25 $\delta=1.2$ 暗敷 53.5+53.5+25.5	132.5	m
3	030422004001	配线	难燃铜芯双塑线 ZR-BVV-2.5mm² 穿管照明线路 5.5+64.8+605+591.5+533.5+295.5+1423.5+366	3935.3	

续表

序号	清单项目编码	清单项目特征	计算式	工程量合计	计量单位
4	030412002001	工厂灯	工厂罩灯 GCC-1×100 吸顶 7	7	
5	030412005001	荧光灯	格栅荧光灯盘 XD512-Y20×3 吸顶 60+60+30	150	
6	030412001001	普通灯具	半圆球吸顶灯 XD1448-1×60φ250 55	55	
7	030404034001	照明开关	单相单控双联暗开关 B52/1 86 型 5	5	套
8	030404034002	照明开关	单相单控三联暗开关 B53/1 86 型 15	15	
9	030404035001	插座	单相三极暗插座 B5/10S 86 型 140	140	
10	030404017001	配电箱	照明配电箱 MX1 300×200 金属箱体 暗装 1	1	
11	030400417002	配电箱	照明配电箱 MX2～6 500×400 金属箱体 暗装 5	5	台
12	030411006001	接线盒	镀锌灯头盒86型 暗装 7+60+60+55+30	212	
13	030411006002	接线盒	镀锌开关盒86型 暗装 5+5+5+5+140	160	个
14	030414002001	送配电装置系统	送配电系统调试 1kW 以下 1	1	系统
15	030414011001	接地装置	接地电阻测试，接地网 1	1	

表 5-48 【例 5-14】分部分项工程和单价措施项目清单与计价表

工程名称：某 6 层办公楼电气安装工程　标段：A-1 标段　　　第 页 共 页

序号	项目编码	项目名称	项目特征	计量单位	工程量	金额/元	
						综合单价	总价
1	030411001001	配管	1. 名称：电线管 2. 材质：镀锌 3. 规格：T20 $\delta=1.2$ 4. 配置形式：暗敷	m	1077.1		
2	030411001002	配管	1. 名称：电线管 2. 材质：镀锌 3. 规格：T25 $\delta=1.2$ 4. 配置形式：暗敷	m	132.5		
3	030422004001	配线	1. 名称：难燃铜芯双塑线 2. 配线形式：照明线路穿管 3. 型号：ZR-BVV 4. 规格：2.5mm² 5. 材质：铜芯	m	3935.3		

序号	项目编码	项目名称	项目特征	计量单位	工程量	金额/元	
						综合单价	总价
4	030412002001	工厂灯	1. 名称：工厂罩灯 2. 型号：GCC 3. 规格：1×100W 4. 安装形式：吸顶安装	套	7		
5	030412005001	荧光灯	1. 名称：格栅荧光灯盘 2. 型号：XD512－Y 3. 规格：3×20W 4. 安装形式：吸顶安装		150		
6	030412001001	普通灯具	1. 名称：半圆球吸顶灯 2. 型号：XD1448 3. 规格：1×60　φ250 4. 安装形式：吸顶安装		55		
7	030404034001	照明开关	1. 名称：单向单控双联暗开关 2. 型号：250V/10A　86型 3. 安装形式：暗装		5		
8	030404034002	照明开关	1. 名称：单向单控三联暗开关 2. 型号：250V/10A　86型 3. 安装形式：暗装		15		
9	030404035001	插座	1. 名称：单向三极暗插座 2. 型号：B5/10S　86型 3极 250V/10A 3. 安装形式：暗装		140		
10	030404017001	配电箱	1. 名称：照明配电箱MX1 2. 规格：300mm×200mm（宽×高） 3. 安装形式：嵌墙暗装，底边距地 1.7m	台	1		
11	030404017002	配电箱	1. 名　称：照明配电箱MX2～6 2. 规　格：500mm×400mm（宽×高） 3. 安装形式：嵌墙暗装，底边距地 1.7m		5		
12	030411006001	接线盒	1. 名称：灯头盒 2. 材质：钢制镀锌 3. 规格：86H 4. 安装形式：暗装	个	212		
13	030411006002	接线盒	1. 名称：开关插座接线盒 2. 材质：钢制镀锌 3. 规格：86H 4. 安装形式：暗装		160		

续表

序号	项目编码	项目名称	项目特征	计量单位	工程量	金额/元	
						综合单价	总价
14	030414002001	送配电装置系统	1. 名称：低压送配电系统调试 2. 电压等级：1kV 以下 3. 类型：综合	系统	1		
15	030414011001	接地装置	1. 名称：系统调试 2. 类别：接地网		1		

第十三节　附属工程清单工程量计算

附属工程工程量清单项目设置、项目特征描述的内容、计量单位及工程量计算规则，应按表 5-49 的规定执行。

表 5-49　附属工程（编码：030413）

项目编码	项目名称	项目特征	计量单位	工程量计算规则	工作内容
030413001	铁构件	1. 名称 2. 材质 3. 规格	kg	按设计图示尺寸以质量计算	1. 制作 2. 安装 3. 补刷（喷）油漆
030413002	凿（压）槽	1. 名称 2. 规格 3. 类型 4. 填充（恢复）方法 5. 混凝土标准	m	按设计图示尺寸以长度计算	1. 开槽 2. 恢复处理
030413003	打洞（孔）	1. 名称 2. 规格 3. 类型 4. 填充（恢复）方法 5. 混凝土标准	个	按设计图示数量计算	1. 开孔、洞 2. 恢复处理
030413004	管道包封	1. 名称 2. 规格 3. 混凝土强度等级	m	按设计图示长度计算	1. 灌注 2. 养护
030413005	人（手）孔砌筑	1. 名称 2. 规格 3. 类型	个	按设计图示数量计算	砌筑
030413006	人（手）孔防水	1. 名称 2. 类型 3. 规格 4. 防水材质及做法	m²	按设计图示防水面积计算	防水

注：铁构件适用于电气工程的各种支架、铁构件的制作安装。

第十四节 电气调整试验工程量计算

一、电气调整试验清单工程量计算规则

电气调整试验工程量清单项目设置、项目特征描述的内容、计量单位及工程量计算规则，应按表5-50的规定执行。

表5-50 电气调整试验（编码：030414）

项目编码	项目名称	项目特征	计量单位	工程量计算规则	工作内容
030414001	电力变压器系统	1. 名称 2. 型号 3. 容量（kV·A）	系统	按设计图示系统计算	系统调试
030414002	送配电装置系统	1. 名称 2. 型号 3. 电压等级（kV） 4. 类型			
030414003	特殊保护装置	1. 名称 2. 类型	台（套）	按设计图示数量计算	调试
030414004	自动投入装置		系统（台、套）		
030414005	中央信号装置	1. 名称 2. 类型	系统（台）		
030414006	事故照明切换装置		系统	按设计图示系统计算	
030414007	不间断电源	1. 名称 2. 类型 3. 容量			
030414008	母线	1. 名称 2. 电压等级（kV）	段	按设计图示数量计算	
030414009	避雷器		组		
030414010	电容器				

项目编码	项目名称	项目特征	计量单位	工程量计算规则	工作内容
030414011	接地装置	1. 名称 2. 类别	1. 系统 2. 组	1. 以系统计量，按设计图示系统计算 2. 以系统计量，按设计图示数量计算	接地电阻测试
030414012	电抗器、消弧线圈		台	按设计图示数量计算	调试
030414013	电除尘器	1. 名称 2. 型号 3. 规格	组		
030414014	硅整流设备、可控硅整流装置	1. 名称 2. 类别 3. 电压（V） 4. 电流（A）	系统	按设计图示系统计算	
030414015	电缆试验	1. 名称 2. 电压等级（kV）	次（根、点）	按设计图示数量计算	试验

注：1. 功率大于10kW电动机及发电机的启动调试用的蒸汽、电力和其他动力能源消耗及变压器空载试运转的电力消耗及设备需烘干处理应说明。

2. 配合机械设备及其他工艺的单体试车，应按《通用安装工程工程量计算规范》GB 50856—2013附录N措施项目相关项目编码列项。

3. 计算机系统调试应按《通用安装工程工程量计算规范》GB 50856—2013附录F自动化控制仪表安装工程相关项目编码列项。

二、电气调整试验定额工程量计算规则

1. 定额工程量计算规则

1）电气调试系统的划分以电气原理系统图为依据。电气设备元件的本体试验均包括在相应定额的系统调试之内，不得重复计算。绝缘子和电缆等单体试验，只在单独试验时使用。在系统调试定额中，各工序的调试费用如需单独计算时，可按表5-51所列比率计算。

表5-51　电气调试系统各工序的调试费用比率

工　序	项　目			
	发电机调相机系统	变压器系统	送配电设备系统	电动机系统
	比　率			
一次设备本体试验	30%	30%	40%	30%
附属高压二次设备试验	20%	30%	20%	30%
一次电流及二次回路检查	20%	20%	20%	20%
继电器及仪表试验	30%	20%	20%	20%

2）电气调试所需的电力消耗已包括在定额内，一般不另计算。但10kW以上电机及发电机的启动调试用的蒸汽、电力和其他动力能源消耗及变压器空载试运转的电力消耗，另行计算。

3）供电桥回路的断路器、母线分段断路器，均按独立的送配电设备系统计算调试费。

4）送配电设备系统调试，系按一侧有一台断路器考虑的，若两侧均有断路器时，则应按两个系统计算。

5）送配电设备系统调试，适用于各种供电回路（包括照明供电回路）的系统调试。凡供电回路中带有仪表、继电器、电磁开关等调试元件的（不包括闸刀开关、保险器），均按调试系统计算。移动式电器和以插座连接的家电设备，业经厂家调试合格、不需要用户自调的设备，均不应计算调试费用。

6）变压器系统调试，以每个电压侧有一台断路器为准。多于一个断路器的，按相应电压等级送配电设备系统调试的相应定额另行计算。

7）干式变压器、油浸电抗器调试，执行相应容量变压器调试定额，乘以系数0.8。

8）特殊保护装置，均以构成一个保护回路为一套，其工程量计算规定如下（特殊保护装置未包括在各系统调试定额之内，应另行计算）：

①发电机转子接地保护，按全厂发电机共用一套考虑。

②距离保护，按设计规定所保护的送电线路断路器台数计算。

③高频保护，按设计规定所保护的送电线路断路器台数计算。

④零序保护，按发电机、变压器、电动机的台数或送电线路断路器的台数计算。

⑤故障录波器的调试，以一块屏为一套系统计算。

⑥失灵保护，按设置该保护的断路器台数计算。

⑦失磁保护，按所保护的电机台数计算。

⑧变流器的断线保护，按变流器台数计算。

⑨小电流接地保护，按装设该保护的供电回路断路器台数计算。

⑩保护检查及打印机调试，按构成该系统的完整回路为一套计算。

9）自动装置及信号系统调试，均包括继电器、仪表等元件本身和二次回路的调整试验。具体规定如下：

①备用电源自动投入装置，按连锁机构的个数确定备用电源自投装置系统数。一个备用厂用变压器，作为三段厂用工作母线备用的厂用电源，计算备用电源自动投入装置调试时，应为三个系统。装设自动投入装置的两条互为备用的线路或两台变压器，计算备用电源自动投入装置调试时，应为两个系统。备用电动机自动投入装置也按此计算。

②线路自动重合闸调试系统，按采用自动重合闸装置的线路自动断路器的台数计算系统数。

③自动调频装置的调试，以一台发电机为一个系统。

④同期装置调试，按设计构成一套能完成同期并车行为的装置为一个系统计算。

⑤蓄电池及直流监视系统调试，一组蓄电池按一个系统计算。

⑥事故照明切换装置调试，按设计能完成交直流切换的一套装置为一个调试系统计算。

⑦周波减负荷装置调试，凡有一个周率继电器，不论带几个回路，均按一个调试系统计算。

⑧变送器屏以屏的个数计算。

⑨中央信号装置调试，按每一个变电所或配电室为一个调试系统计算工程量。

10）接地网的调试规定如下：

①接地网接地电阻的测定。一般的发电厂或变电站连为一体的母网，按一个系统计算；自成母网不与厂区母网相连的独立接地网，另按一个系统计算。大型建筑群各有自己的接地网（接地电阻值设计有要求），虽然在最后也将各接地网联在一起，但应按各自的接地网计算，不能作为一个网，具体应按接地网的试验情况而定。

②避雷针接地电阻的测定。每一避雷针均有单独接地网（包括独立的避雷针、烟囱避雷针等）时，均按一组计算。

③独立的接地装置按组计算。如一台柱上变压器有一个独立的接地装置，即按一组计算。

11）避雷器、电容器的调试，按每三相为一组计算，单个装设的也按一组计算，上述设备如设置在发电机、变压器，输、配电线路的系统或回路内，仍应按相应定额另外计算调试费用。

12）高压电气除尘系统调试，按一台升压变压器、一台机械整流器及附属设备为一个系统计算，分别按除尘器范围（m^2）执行定额。

13）硅整流装置调试，按一套硅整流装置为一个系统计算。

14）普通电动机的调试，分别按电动机的控制方式、功率、电压等级，以"台"为计量单位。

15）可控硅调速直流电动机调试以"系统"为计量单位。其调试内容包括可控硅整流装置系统和直流电动机控制回路系统两个部分的调试。

16）交流变频调速电动机调试以"系统"为计量单位。其调试内容包括变频装置系统和交流电动机控制回路系统两个部分的调试。

17）微型电机系指功率在 0.75kW 以下的电机，不分类别，一律执行微电机综合调试定额，以"台"为计量单位。电机功率在 0.75kW 以上的电机调试，应按电机类别和功率分别执行相应的调试定额。

18）一般的住宅、学校、办公楼、旅馆、商店等民用电气工程的供电调试应按下列规定：

①配电室内带有调试元件的盘、箱、柜和带有调试元件的照明主配电箱，应按供电方式执行相应的"配电设备系统调试"定额。

②每个用户房间的配电箱（板）上虽装有电磁开关等调试元件，但如果生产厂家已按固定的常规参数调整好，不需要安装单位进行调试就可直接投入使用的，不得计取调试费用。

③民用电度表的调整校验属于供电部门的专业管理，一般皆由用户向供电局订购调试完毕的电度表，不得另外计算调试费用。

19）高标准的高层建筑、高级宾馆、大会堂、体育馆等具有较高控制技术的电气工程（包括照明工程），应按控制方式执行相应的电气调试定额。

2. 定额工程量计算说明

1）定额内容包括电气设备的本体试验和主要设备的分系统调试。成套设备的整套启动调试按专业定额另行计算。主要设备的分系统内所含的电气设备元件的本体试验已包括在该分系统调试定额之内。如变压器的系统调试中已包括该系统中的变压器、互感器、开关、仪表和继电器等一、二次设备的本体调试和回路试验。绝缘子和电缆等单体试验，只在单独试验时使用，不得重复计算。

2）定额的调试仪表使用费系按"台班"形式表示的，与《全国统一安装工程施工仪器仪表台班费用定额》GFD—201—1999 配套使用。

3）送配电设备调试中的 1kV 以下定额适用于所有低压供电回路，如从低压配电装置至分配电箱的供电回路；但从配电箱直接至电动机的供电回路已包括在电动机的系统调试定额内。送配电设备系统调试包括系统内的电缆试验、瓷瓶耐压等全套调试工作。供电桥回路中的断路器、母线分段断路器皆作为独立的供电系统计算，定额皆按一个系统一侧配一台断路器考虑的。若两侧皆有断路器时，则按两个系统计算。如果分配电箱内只有刀开关、熔断器等不含调试元件的供电回路，则不再作为调试系统计算。

4）由于电气控制技术的飞跃发展，原定额的成套电气装置（如桥式起重机电气装置等）的控制系统已发生了根本的变化，至今尚无统一的标准，故定额取消了原定额中的成套电气设备的安装与调试。起重机电气装置、空调电气装置、各种机械设备的电气装置，如堆取料机、装料车、推煤车等成套设备的电气调试，应分别按相应的分项调试定额执行。

5）定额不包括设备的烘干处理和设备本身缺陷造成的元件更换修理和修改，也未考虑因设备元件质量低劣对调试工作造成的影响。定额系按新的合格设备考虑的，如遇以上情况时，应另行计算。经修配改装或拆迁的旧设备调试，定额乘以系数1.1。

6）本定额只限电气设备自身系统的调整试验，未包括电气设备带动机械设备的试运工作，发生时应按专业定额另行计算。

7）调试定额不包括试验设备、仪器仪表的场外转移费用。

8）本调试定额系按现行施工技术验收规范编制的，凡现行规范（指定额编制时的规范）未包括的新调试项目和调试内容均应另行计算。

9）调试定额已包括熟悉资料、核对设备、填写试验记录、保护整定值的整定和调试报告的整理工作。

10）电力变压器如有"带负荷调压装置"，调试定额乘以系数1.12。三圈变压器、整流变压器、电炉变压器调试按同容量的电力变压器调试定额乘以系数1.2。3～10kV母线系统调试含一组电压互感器，1kV以下母线系统调试定额不含电压互感器，适用于低压配电装置的各种母线（包括软母线）的调试。

三、电气调整试验计算实例

【例5-15】　事故照明电源切换系统如图5-11所示，试计算其清单工程量。

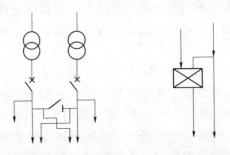

图5-11　事故照明电源切换系统图示

【解】

依据中央信号装置、事故照明切换装置安装清单工程量计算规则，此图所示事故照明电源切换系统清单工程量计算表见表5-52。

表5-52　【例5-15】清单工程量计算表

序号	项目编码	项目名称	项目特征	工程数量	计量单位
1	030414005001	中央信号装置	中央信号装置安装	1	系统
2	030414006001	事故照明切换装置	事故照明切换装置调试安装	2	系统

第十五节　相关问题及说明

1) 电气设备安装工程适用于 10kV 以下变配电设备及线路的安装工程、车间动力电气设备及电气照明、防雷及接地装置安装、配管配线、电气调试等。

2) 挖土、填土工程应按现行国家标准《房屋建筑与装饰工程工程量计算规范》GB 50854—2013 相关项目编码列项。

3) 开挖路面应按现行国家标准《市政工程工程量计算规范》GB 50857—2013 相关项目编码列项。

4) 过梁、墙、楼板的钢（塑料）套管应按《通用安装工程工程量计算规范》GB 50856—2013 附录 K 采暖、给水排水、燃气工程相关项目编码列项。

5) 除锈、刷漆（补刷漆除外）、保护层安装，应按《通用安装工程工程量计算规范》GB 50856—2013 附录 M 刷油、防腐蚀、绝热工程相关项目编码列项。

6) 由国家或地方检测验收部门进行的检测验收应按《通用安装工程工程量计算规范》GB 50856—2013 附录 N 措施项目编码列项。

第六章　电气工程造价的编制与审查

第一节　设计概算的编制与审查

一、设计概算文件组成

1. 三级设计概算编制文件组成

三级编制（总概算、综合概算、单位工程概算）形式设计概算文件的组成包括：

1）封面、签署页及录。

2）编制说明。

3）总概算表。

4）其他费用表。

5）综合概算表。

6）单位工程概算表。

7）附件：补充单位估价表。

2. 二级设计概算编制文件组成

二级编制（总概算、单位工程概算）形式设计概算文件的组成包括：

1）封面、签署页及目录。

2）编制说明。

3）总概算表。

4）其他费用表。

5）单位工程概算表。

6）附件：补充单位估价表。

二、设计概算的编制

1. 设计概算的编制依据

1）依据国家、行业和地方政府关于建设和造价管理的法律、法规及相关规定。

2）通过批准的建设项目的设计任务书（或经批准的可行性研究文件）和主管部门的有关规定。

3）初步设计项目一览表。

4）满足编制设计概算的各专业设计图纸、文字说明和主要设备表中包括的相关内容。

①建筑专业提交土建工程中建筑平、立、剖面图和初步设计文字说明（应说明或注明装修标准、门窗尺寸）；结构专业提交结构平面布置图、构件截面的尺寸、特殊构件配筋率。

②给水排水、电气、采暖通风、空气调节、动力等专业的平面布置图或文字说明及主要设备表。

③室外工程提交各相关专业平面布置图；总图专业提交建设场地的地形图、场地设计标高及道路、排水沟、挡土墙、围墙等构筑物的断面尺寸。

5）正常的施工组织设计。

6）相关资料：当地和主管部门的现行建筑工程和专业安装工程的概算定额（或预算定额、综合预算定额）、单位估价表、材料及构配件预算价格、工程费用定额和有关费用规定的文件等。

7）现行的有关设备原价及运杂费率。

8）现行的有关其他费用定额、指标和价格。

9）资金筹措的方式。

10）建设场地的自然条件和施工条件。

11）类似工程的概、预算及技术经济指标。

12）建设单位提供的有关工程造价的其他资料。

13）有关合同、协议等其他资料。

2. 单位工程概算编制

（1）概算编制方法

1）按概算定额编制。通过图纸工程量及概算定额编制概算造价。

2）按概算指标编制。根据有关部门规定的概算指标来编制概算造价。

3）按类似工程预算编制。根据已建成的类似工程的预算指标来编制概算造价。

4）按分部套用类似造价指标编制概算造价。

在电气工程常用按概算定额编制以及按概算指标编制两种方法进行编制。下面详细的描述按概算定额编制的单位工程概算编制方法。

（2）按概算定额编制概算

1）适用范围。设计图纸中明确的规定工程结构，且内容较齐全和完善，能计算出工程量的。

2）编制步骤。

①了解设计意图及施工条件。

②划分工程项目，计算工程量。工程项目与采用的定额项目应划分一致，以便套用定额，进行计算。计算工程量，应根据定额手册中规定的工程量规

则进行计算。

③套定额和计算工程概算造价。

④设备价格的编制。

⑤计算工程管理费及计算间接费用、计划利润和其他费用等各项独立费。

⑥编制设备清单及主要材料汇总表，完成设备清单及主要材料计算。

⑦单位工程概算表的编制。

⑧设备及安装工程概算表的编制。

3. 综合概算编制

综合概算是反映单项工程建设投资的综合性文件。它是由编制说明和各个单位工程（土建、水、暖、电）等概算汇总成综合概算表，构成综合概算书。

综合概算书的组成包括：封面、编制说明、签字表、综合概算汇总表、取费表、概算表等。

（1）编制说明　综合概算的编制说明由编制依据、编制方法、主要材料和设备数量、工程概况介绍，其他有关问题说明等组成。

（2）综合概算书的填写　综合概算书实质上也就是综合概算表。其表格的形式见表 6-1。此外，还有多种多样综合概算表的格式。

表 6-1　综合概算表

编号　　　　　　　　　　　　　　　　　　　　　　　　　　　　　　　第　页

建设单位			工程名称					工程编号		
编制范围			概算总价					技术经济指标		
序号	概算编号	工程项目及费用名称	单位	数量	概算价值/元					技术经济指标		
					建筑工程费	安装工程费	设备置购费	其他费用	合计	单位	数量	指标/元

综合概算书的编制方法如下：

1）综合概算书的编制步骤：

①收集和选用编制综合概算的有关基础资料。如土建、电气、水暖等单位工程及其他工程的概算等资料。

②审核各单位工程概算书。

③编制综合概算书。

2）综合概算书的编制方法：

①单位工程概算书的汇总。依照下列顺序汇总单位工程概算书：

a. 土建工程。

b. 给水排水工程。

c. 采暖工程。

d. 电气工程。

e. 设备安装工程。

f. 其他工程和费用。

g. 不可预见的工程和费用。

该工程的全部建设费用就是按上述顺序汇总后，所得的各类费用的总价值。

②计算技术经济指标。总的技术经济指标是该单项工程所有技术经济指标的集中表现，也是最主要和最重要的评价该项工程设计经济是否合理的指标。

单项工程的技术经济指标是用适当的计量单位所表示的数量，除以综合概算总价值而得出的结果。

技术经济指标的计量单位包括：

a. 住宅、公共建筑：m^2（建筑面积）。

b. 室外给水、暖气管道：m。

c. 室外电气照明：用千瓦照明，长度以"km"为计量单位。

d. 煤气供应站：以"m^3/h"为计量单位。

e. 变电所：kV·A。

f. 其他各种不同专业工程，按照其不同的工程性质确定其计量单位。

三、设计概算的审查

1. 设计概算的审查意义

审查设计概算，有利于合理分配投资资金，加强管理投资计划。编制偏高或偏低的设计概算，都会影响投资计划的真实性，影响投资资金的合理分配。所以审查设计概算是为了提高确定工程造价的准确性，使投资更能遵循客观经济规律。

审查设计概算，促进概算编制单位严格执行国家有关概算的编制规定和费用标准，从而提高概算的编制质量。

审查设计概算，可以使建设项目总投资力求做到准确、完整，避免任意扩大投资规模或出现漏项，从而减少投资缺口，减小概算与预算之间的差距，避免故意压低概算投资，搞"钓鱼"项目，最后致使实际造价大幅度地突破概算。

审查后的概算，为落实建设项目投资提供了可靠的依据。打足投资，不留缺口，提高建设项目的投资效益。

2. 设计概算的审查方法

（1）全面审查法　全面审查法是指依据全部施工图的要求，结合有关预算定额各项工程中的工程细目，逐项、全部地进行审核的方法。全面审查法的具体计算方法和审核过程与编制预算的计算方法和编制过程基本相同。

全面审查法的优点是全面、细致，所审核过的工程预算质量高，差错较少；缺点是工作量太大。全面审查法一般适用于一些工程量较小、工艺比较简单、编制工程预算力量较薄弱的设计单位承包的工程。

（2）重点审查法　抓住工程预算中的重点进行审查的方法，称为"重点审查法"。

一般情况下，重点审查法的内容包括：

1）对工程量大或造价较高的项目进行重点审查。

2）对补充单价进行重点审查。

3）对计取的各项费用的费用标准和计算方法进行重点审查。

重点审查工程预算的方法应灵活掌握。例如，在重点审查中，若发现问题较多，应扩大审查范围；反之，若没有发现问题，或者发现的差错很小，应考虑合理的缩小审查范围。

（3）经验审查法　经验审查法是指监理工程师依据以往的实践经验，审查容易发生差错的那些部分工程细目的方法。例如：土方工程中的平整场地和余土外运，土壤分类等；基础工程中的基础垫层，砌砖、砌石基础，暖沟挡土墙工程，钢筋混凝土组合柱，基础圈梁、室内暖沟盖板等，都是较容易出错的地方，应重点加以审查。

（4）分解对比审查法　分解对比审查法是指将一个单位工程，按直接费与间接费进行分解，然后再按工种工程和分部工程把直接费进行分解，分别与审定的标准图预算进行对比分析的方法。

这种方法是比较拟审的预算造价与同类型的定型标准施工图或复用施工图的工程预算造价，如果出入不大，则认为本工程预算问题不大，不再审查。如果出入较大，比如超过或少于已审定的标准设计施工图预算造价的1％或3％以上（依据本地区要求），再按分部分项工程进行分解，边分解边对比，哪里出入较大，就进一步审查哪一部分工程项目的预算价格。

3. 设计概算的审查步骤

设计概算审查是一项复杂而细致的技术经济工作，审查人员既应懂得相关专业技术知识，又应具有熟练编制概算的能力，通常情况下可按以下步骤进行：

（1）概算审查的准备　概算审查的准备工作包括了解设计概算的内容组成、编制依据和方法；了解建设规模、设计能力和工艺流程；熟悉设计图纸和说明书、掌握概算费用的构成和有关技术经济指标；明确概算各种表格的内涵；收集有关概算定额、概算指标、取费标准等的文件资料。

（2）进行概算审查　根据审查的主要内容，分别逐级审查设计概算的编制依据、单位工程设计概算、综合概算、总概算。

（3）进行技术经济对比分析　利用规定的概算定额或指标及有关技术经济指标与设计概算进行分析对比，按照设计和概算列明的工程性质、结构类型、建设条件、费用构成、投资比例、占地面积、生产规模、设备数量、造价指标、劳动定员等与国内外同类型工程规模进行对比分析，从大的方面找出和同类型工程的距离，为审查提供线索。

（4）研究、定案、调整概算　在概算审查中出现的问题要在对比分析、找出差距的基础上，深入现场进行实际调查研究，了解设计是否经济合理、概算编制依据是否与现行规定和施工现场实际相符、有无扩大规模、多估投资或预留缺口等情况，并及时核实概算投资。若当地没有同类型的项目而不能进行对比分析时，可参考国内同类型企业进行调查，收集资料，作为审查的依据。经过会审决定的定案问题应及时调整概算，并经原批准单位下发文件。

4. 设计概算的审查内容

1）审查设计概算的编制依据。包括国家综合部门的文件，国务院主管部门和各省、市、自治区按照国家规定或授权制定的各种规定和办法，以及建设项目的设计文件等重点审查。

①审查编制依据的合法性。必须采用经过国家或授权机关的批准的各种编制依据，符合国家的编制规定，未经批准的不能采用。也不能强调情况特殊，擅自提高概算定额、指标或费用标准。

②审查编制依据的时效性。各种依据，如定额、指标、价格、取费标准等，都应按照国家有关部门的现行规定进行，随时注意有无调整和新的规定。有的虽然颁发时间较长，但不能全部适用；有的应按有关部门做的调整系数执行。

③审查编制依据的适用范围。各种编制依据都有特定的适用范围，如各主管部门规定的各种专业定额及其取费标准，只适用于该部门的专业工程；各地区规定的各种定额及其取费标准，只适用于该地区的范围。特别是地区的材料预算价格区域性更强，如某市有该市市区的材料预算价格，又编制了郊区内一个矿区的材料预算价格，如在该市的矿区建设时，其采用的材料预算

价格概算，则应用矿区的价格进行，而不能采用该市的价格。

2）审查概算编制深度。

①审查编制说明。审查编制说明可以检查概算的编制方法、深度和编制依据等重大原则问题。

②审查概算编制深度。一般大中型项目的设计概算，应有完整的编制说明和"三级概算"（即总概算表、单项工程综合概算表、单位工程概算表），并按有关规定的深度进行编制。审查是否有符合规定的"三级概算"，各级概算的编制、校对、审核是否按规定签署。

③审查概算的编制范围。审查概算编制范围及具体内容是否与主管部门批准的建设项目范围及具体工程内容一致；审查分期建设项目的建筑范围及具体工程内容是否有重复交叉，是否重复计算或漏算；审查其他费用所列的项目是否都与规定相符，静态投资、动态投资和经营性项目铺底流动资金是否分部列出等。

3）审查建设规模、标准。

审查概算的投资规模、生产能力、设计标准、建设用地、建筑面积、主要设备、配套工程、设计定员等是否与原批准可行性研究报告或立项批文的标准相符。如概算总投资超出原批准投资估算10%以上，应进一步审查超估算的原因。

4）审查设备规格、数量和配置。

工业建设项目设备投资比重大，一般占总投资的30%～50%，要认真审查。审查所选用的设备规格、台数与生产规模一致性，材质、自动化程度有无提高标准，引进设备是否配套、合理，备用设备台数是否适当，消防、环保设备是否计算等。还要重点审查价格是否合理、是否符合相关规定，如国产设备应按当时询价资料或有关部门发布的出厂价、信息价，引进设备应根据询价或合同价编制概算。

5）审查工程费。

建筑安装工程投资是随工程量增加而增加的，要认真审查。要按照初步设计图纸、概算定额及工程量计算规则、专业设备材料表、建、构筑物和总图运输一览表进行审查，检查有无多算、重算、漏算。

6）审查计价指标。

审查建筑安装工程采用工程所在地的计价定额、费用定额、价格指数和有关人工、材料、机械台班单价是否与现行规定相符；审查安装工程所采用的专业部门或地区定额是否符合工程所在地区的市场价格水平，概算指标调整系数、主材价格、人工、机械台班和辅材调整系数是否按当地最新规定执行；审查引进设备安装费率或计取标准、部分行业专业设备安装费率是否按有关规定计算等。

7) 审查其他费用。

工程建设其他费用投资占项目总投资 25％以上，必须认真逐项审查。审查费用项目计列是否按国家统一规定，具体费率或计取标准、部分行业专业设备安装费率是否按有关规定计算等。

第二节　施工图预算的编制与审查

一、施工图预算的编制

1. 施工图预算的编制依据

1) 施工图纸和设计说明书。经建设单位、设计单位、监理单位及施工单位共同会审过的施工图纸，以及相应的设计说明书，是计算分部分项工程量、编制施工图预算的重要依据。一张完整的施工图纸通常包括平面布置图、系统图、施工大样图及详细的设计说明，在编制预算过程中，应将其结合起来考虑。

2) 现行安装工程预算定额。国家颁发的现行《全国统一安装工程预算定额》或者各省市以此为基础编制的当地安装工程综合定额、安装工程单位估价表等。编制预算时应选定当中一种定额，以及与定额配套使用的工程量计算规则。建筑电气工程预算主要使用其中的第二册和第七册。

3) 工程所在地的材料、设备预算价格。材料和设备在安装工程造价中占有较大的比重，为提高预算造价的准确程度，应准确确定材料、设备的预算价格。各地工程造价管理部门均会定期发布各种材料、设备的预算价格，编制者应注意收集，方便编制预算时参考。

4) 工程所在地的费用计算标准及计费程序。费用定额是计算工程间接费、利润、税金等各项费用的依据。各地工程造价管理部门会依照政策及市场变化情况，及时颁发与工程造价计算相关的文件和规定，这些文件和规定是计算价差和其他费用的依据，编制预算时，应按当地近期的相关文件和规定的计费程序计算工程预算造价。

5) 施工组织设计或施工方案。经过批准的施工组织设计，其中包含：各分部分项工程的施工方法、施工进度计划、技术措施、施工机械及设备材料的进场计划等内容，是计算工程量、计算措施项目费不可缺少的依据。因此，编制施工图预算时要掌握施工组织设计的内容，保证预算的合理性。

6) 电气工程施工技术、标准图。

7) 工程施工合同或协议。

2. 施工图预算的编制方法和步骤

一般情况下，编制施工图预算步骤如下：

（1）准备编制预算的依据资料、熟悉图纸

1）编制预算前，准备好整套施工图纸，通过阅读设计说明书，熟悉图例符号，阅读系统图、平面图、大样图，熟悉图纸所涉及的电气安装工艺流程，详细全面了解施工设计的意图和工程全貌。

2）若该工程已经签订了施工合同，则在编制预算时，必须按照施工合同条款中有关承包、发包的工程范围、内容、施工期限、材料设备的采购供应办法、工程价款结算办法等合同内容及定额与有关的规定进行编制。

3）已经编制了施工组织设计或施工方案的工程，则应按照施工组织设计或施工方案中所确定的施工方法、施工进度计划、施工现场平面、工种工序的穿插配合、采用的技术措施等内容，合理地进行工程量计算、选用定额、计算工程费用。

如果没有上述2）、3）所述的资料，则应按《建筑电气工程施工质量验收规范》GB 50303—2002 中的规定及正常情况下的施工工艺流程进行编制。

4）准备好符合工程内容的预算定额，熟悉工程所在地的有关部门公布的材料设备预算价格及计费程序、计费办法等资料内容。

（2）计算工程量 工程量是编制施工图预算的主要数据，工程量计算是一项细致、繁琐、量大的工作，工程量计算结果的准确性直接关系到预算结果的准确性。因此，计算时要力求做到：依据充分、计算准确、不漏不重。计算工程量的要求和步骤如下：

1）严格遵守定额规定的工程项目划分及工程量计算规则，根据施工图纸列出的分部分项工程项目、工程量的单位应与定额一致。列项时应分清该项定额包括的工作内容，定额中已经包含了的内容不得另列项目重复计算。

2）计算电气工程的设备工程量时，一般进行顺序是：按照先系统图、后平面图，先底层、后顶层进行。在系统图中，从电源进线开始，计算配电箱的数量，计算箱内计量仪表及其他电器的数量。在平面图中，从底层到顶层，分别计算各层所包含的灯具、风扇、开关、插座及其他电器装置的数量，再经过核对图纸所列的设备材料表规格、型号和数量。核对无误后，编制设备工程量汇总表。

3）配管、配线工程量的计算比较繁杂，计算工程中，可根据系统图和平面图按进户线、总配电箱、各分配电箱至用电设备或照明灯具的顺序，逐一进行电气管线工程量的计算。各分配电箱及其配电回路可按编号顺序——进行计算，每计算完一分配电箱或一条配电回路后，做一个明显的标志，防止重复计算或漏算。

工程量计算的过程，要写入工程量计算表中，以便整理和汇总。

（3）整理和汇总工程量　工程量计算完成后，要进行整理和汇总，以便套用定额计算人工、材料、机械费。整理、汇总的工作一般进行方法如下：

1）将套用相同定额子目的分项工程量合并。例如：电气安装工程中的管内穿线，应把导线规格相同的工程量合并；电线管敷设中，应把相同规格的工程量合并。

2）尽量依据定额顺序进行整理。先按照定额分部（章）进行整理，例如：电气安装工程可按变压器、配电装置、母线及控制继电保护屏、蓄电池、动力与照明控制设备、配管配线、防雷与接地保护装置等部分进行分部，各部分中的工程项目尽量按照定额的顺序进行整理，以便套用定额。

在整理、汇总工程量的过程中，若发现漏算、重复算及计算错误等，应及时调整，以保证工程量计算的准确性。最后把整理结果填入工程预算表中。

（4）套定额、计算工程实体项目费

1）根据整理好的工程项目，在定额中查找出其对应的定额子目，把该定额子目的定额编号、基价、其中的人工费、材料费、机械费等数据填入预算表中相应栏。套定额时要按照定额说明、各子目的工作内容准确套用，避免高套、乱套。

2）对于定额中没有的工程项目，应根据定额管理制度及有关规定进行补充。实际工作内容不符合定额的工程项目，应在定额相应项目基础上进行换算。补充或换算后的子目，应填写补充子目单位估价表，经有关部门审查确认后方有效。

3）套完定额后，把各工程项目的工程量与单位价值各栏数据相乘，得到该项目的合计价值，填在预算表的相应栏目中。最终进行汇总，得到该工程的实体项目费。

（5）计算其他费用，汇总得工程预算造价

1）按照工程所在地有关规定的调整方法和计算公式，进行人工费、材料费、机械费的价差调整。

2）根据工程所在地的有关规定及工程实际发生情况，计算超高增加费、高层建筑增加费、脚手架搭拆费、系统调试费等技术措施费用；计算临时设施费、文明施工费、预算包干费等其他措施费用。计算过程及结果填入相应表格中。

3）根据安装工程总价表的费用项目及计算顺序，分别计算利润、其他项目费（独立费）、行政事业性收费、税金等费用。最后合计得到工程预算总造价。

（6）撰写编制说明，填写封面　按照编制说明及封面的要求，分别填写相应内容。最后按顺序装订，把所有资料送有关部门审查定案。

二、施工图预算的审查

审查施工图预算的重点包括：工程量计算是否准确，分部、分项单价套用是否正确，以及各项取费标准是否符合现行规定等方面。

1. 审查定额或单价的套用

1）预算定额的预算单价是否符合预算中所列各分项工程单价；其名称、规格、计量单位和所包括的工程内容是否与预算定额一致。

2）有单价换算时，应审查定额规定是否与换算的分项工程相符及换算是否正确。

3）补充定额和单位计价表的使用应审查补充定额是否符合编制原则、单位计价表计算是否正确。

2. 审查其他有关费用

由于地域位置的不同，其他有关费用包括的内容也不同，具体审查时应注意是否符合当地规定和定额的要求。

1）是否根据本项目的工程性质计取费用、是否存在高套取费标准。

2）间接费的计取基础是否符合规定。

3）预算外变更的材料差价是否计取间接费；直接费或人工费增减后，相关费用是否做了相应调整。

4）有无将不需安装的设备的费用计取在安装工程的间接费中。

5）是否有巧立名目、乱摊费用的情况。

利润和税金审查的重点，应放在计取基础和费率是否符合当地有关部门的现行规定、有无多算或重算等方面。

第三节　竣工结算的编制与审查

一、竣工结算的编制

竣工结算是指施工企业根据合同的规定，对竣工点交后的工程向建设单位办理最后工程价款清算的经济技术文件。

施工图预算是指在建设项目或单位工程开工前编制的确定工程预算造价的文件。但是工程在实际施工过程中往往因为工程条件的变化、设计变更、材料的代用等因素，导致原施工图预算不能准确反映工程的实际造价。竣工结算就是在建设项目或单位工程竣工后，依照施工过程中实际发生的设计变更、材料代用、经济签证等情况，修改原施工图预算，修改后的施工图预算是最终确定工程造价的文件。

由施工单位在单位工程竣工后，编制工程竣工结算表，送建设单位审批后，通过建设银行办理价款结清手续。因此，工程竣工结算是施工单位与建设单位结清工程费用的依据，是施工单位统计完成工作量，结算成本的依据，也是建设单位落实投资完成额，编制竣工决算的依据。编制竣工结算是一项细致的工作，为了正确反映工程的实际造价，认真贯彻"实事求是"的原则，对办理竣工结算的工程项目应进行全面清点。为竣工结算积累和收集必要的原始资料，在施工过程中，预算人员应经常深入施工现场。

未完工程不能办理竣工结算。跨年度工程，可根据当年完成工程量办理年终结算，剩余的未完工程价款，待工程竣工后，再另行办理竣工结算。

1. 竣工结算的编制依据

编制竣工结算，通常需要的技术资料依据如下：

1）经审批的原施工图预算。

2）工程承包合同或甲乙双方协议书。

3）设计单位修改或变更设计的通知单。

4）建设单位关于工程的变更、追加、削减和修改的通知单。

5）图纸会审记录。

6）现场经济签证。

7）全套竣工图纸。

8）现行预算定额、地区预算定额单价表、地区材料预算价格表、取费标准及调整材料价差等有关规定。

9）材料代用单。

2. 竣工结算的编制内容

竣工结算的编制内容与施工图预算的编制内容相同。在原施工图预算的基础上进行调整、修改，调整修改后的施工图预算即为竣工结算，又称为"竣工结算书"。其调整、修改的内容一般包含：

（1）工程量增减　这是编制竣工结算的主要部分，称为"量差"。所谓量差就是指施工图预算工程量与实际完成工程量不符而发生的量差。量差主要包括以下几个方面内容：

1）设计修改和漏项。因为设计修改和漏项而需增减的工程量，应根据设计修改通知单进行调整。

2）现场工程更改。在施工中预见不到的工程和施工方法不符，都应按照建设单位和施工单位双方签证的现场记录，按合同和协议的规定进行调整。

3）施工图预算错误。编制竣工结算前，应结合工程的验收点交核对实际完成工程量。施工图预算有错误的应作出相应调整。

（2）材料价差　工程结算应按照预算定额（或地区价目表）的单价编制。一般不会发生价差因素。由于客观原因引起的材料代用和材料预算价格与实际材料价格发生差异时，可在工程结算中进行调整。

1）材料代用。指材料供应缺口或其他原因而引发的以大代小、以优代劣等情况。这部分应按照工程材料代用通知单计算材料的价差进行调整。

2）材料价差。指定额内计价材料和未计价材料两种，定额内计价材料的材料价差范围严格按照当地规定办理调整；允许调整的进行调整，不允许调整的不能调整。未计价材料由建设单位供应材料按预算价格转给施工单位的，在工程结算时不调整材料价差；由施工单位购置的材料，按照实际供应价格计算材料预算价格的价差，并进行调整。

由于材料管理不善造成的异差，应通过加强管理办法解决，一般在工程结算时不予调整。

（3）费用　属于工程数量的增减变化，要相应的调整安装工程费用。属于价差的因素，通常不调整安装工程费用。属于其他费用，如窝工费用、机械进出场费用等，应一次结清，平均分到结算的工程项目中去。

3. 竣工结算的编制方法

根据工程变更大小，竣工结算的编制方法，一般分为如下两种：

1）如果工程变化不大，只是局部少数修改，竣工结算一般采用以原施工图预算为基础，加减工程变更引起的变化费用。工程结算表见表6-2。

表6-2　工程结算表

序号	工程名称	原预算价值	调增预算价值	调减预算价值	结算价值

计算竣工结算直接费价值公式：

$$竣工结算直接费价值＝原预算直接费价值＋调增预算价值小计－$$
$$调减预算价值小计 \qquad (6-1)$$

计算时注意：

按照调增部分的工程量分别套定额，求出调增部分的直接费，以"调增预算价值小计"表示，得出调增部分的直接费。

按照调减部分的工程量分别套定额，求出调减部分的直接费，以"调减预算价值小计"表示，得出调减部分的直接费。

参考竣工结算直接费，按取费标准就可以计算出竣工结算工程造价。

2）若因设计变更较大，导致整个工程量的全部或大部分发生变更，采用局部调整增减费用的办法比较繁琐，容易搞错，则竣工结算应按照施工图预算的编制方法重新进行编制。

二、竣工结算的审查

1. 审核的形式

根据工程规模、专业复杂程度、结算方式的不同，工程预、结算的审核主要分为以下几种形式：

（1）单独审核　单独审核是指在工程预、结算编制结束后，分别经过施工单位内部自审、建设单位复审，最后由工程造价管理部门最终审定。

（2）联合会审　由建设单位会同设计单位、监理单位、审计事务所、工程造价管理部门等共同进行会审，即联合会审。

（3）委托审核　委托审核是指当不具有会审条件，建设单位不能单独审核，或者需由权威机构审核裁定时，经建设单位委托工程造价管理部门或中介机构进行审核。

2. 审核的内容

在施工图预、结算的审核时，应把审核重点放在工程量计算是否准确、定额及材料单价是否准确、费用计算是否符合规定等方面。审核的主要内容包括：

（1）审核工程项目及工程量

1）审核工程项目的完整程度。工程项目是否完整，主要指有无重复计算或漏算情况。按照施工图纸、施工过程、预算定额中各子目所包含的工作内容等审核预、结算中是否有重项或漏项；审核各工程项目中主材的型号、规格是否与设计图纸一致，例如灯具的型号规格、线路的敷设方式、线材的品种规格等应与设计图纸一致。

2）审核工程量。工程量计算是否准确，直接影响工程造价的准确性，而工程量计算又是最容易发生错误的环节，审核时应仔细核对。工程量计算发生错误的原因主要包括以下几方面：

①没有看懂图纸或看错、量错尺寸。

②没有依照工程量计算规则的规定进行计算。

③列错计算式。

④计算过程出现错误。

⑤故意多算或少算。

（2）审核定额套用　审核定额套用，主要从下列几方面进行：

1）工程项目的工作内容与所套用定额的工作内容是否一致，是否有错套定额。

2）有无重复套用定额的项目。

3）有无故意高套定额的现象。

4）套用定额时，基价、人工费、材料费、机械费等数据是非存在写错。

5）需要换算的定额项目，其换算是否合理。

6）需要补充的定额项目，是否经过有关部门的批准，数据是否合理。

（3）审核材料预算价格 审核材料预算价格的合理性、准确性。可根据当地工程造价咨询机构颁发的材料预算价格，结合市场行情进行材料单价审核。

（4）审核费用计算程序、费用项目和费率

1）是否按照当地规定的费用计算程序进行预、结算中的间接费、利润、税金等费用计算。

2）各项费用的计算基础及费率是否准确。

3）计算结果是否正确。

3. 审核的方法

工程预、结算的审核方法有很多种，常用的方法主要有全面审核法、重点审核法、经验审核法、指标审核法等。

（1）全面审核法 全面审核法是指对于建设规模较小的工程预、结算，可根据施工设计图纸及其他相关资料，对工程预、结算的内容进行逐一审核。这种方法全面细致，审核质量高，但工作量大，耗时长。

（2）重点审核法 重点审核法是指对于工程规模较大、审核时间紧迫的工程预、结算，可抓住工程预、结算中的重点项目进行仔细审核。其中重点项目包括：

1）安装过程复杂，工程量计算繁杂，定额缺项多，对预、结算结果有明显影响的部分。

2）工程数量多，单价高，占工程造价比重较大的部分。如低压配电室、空调机房等。

3）在预、结算编制过程中，易出错、易弄虚作假的部分。如配管、配线工程。

（3）经验审核法 根据以往的实践经验，对容易发生误差的部分进行详细审核，这种方法就是经验审核法。

（4）指标审核法 指标审核法是指把现有建筑结构、用途、工程规模、建造标准基本相同的工程项目造价指标与被审核的工程项目进行比较，从而判断出预、结算结果是否准确。若出入较大，则进一步分析对比，找出重点详细进行审核。

4．审核的步骤

在实际审核过程中，可按照以下步骤进行工程预、结算的审核：

1）熟悉有关资料。审核前，应熟悉送审的工程预、结算及承包合同，熟悉设计图纸及所用的标准图，熟悉施工组织设计或施工技术方案，熟悉预算定额、费用定额及其他有关文件。

2）确定审核方法并进行核算。根据确定好的审核方法进行工程预、结算的核算。核算的内容主要有：

①依照工程量计算规则核对工程量。

②核对所套用的定额项目。

③核对定额直接费的计算结果。

④其他直接费计算结果的核对。

⑤核对间接费、利润、税金等费用项目、费率、计算结果。

在上述审核过程中，若发现有问题，应做详细记录。

5．交换审核意见

审核单位与预、结算编制单位交换审核意见，并做进一步的核对。

6．审核定案

按照交换意见的结果，将更正后的预、结算项目进行计算汇总，填制工程预、结算审核调整表，经过编制单位责任人、审核人、审核单位责任人等签字确认并加盖公章，结束工程预、结算的审核。

参考文献

[1] 中华人民共和国住房和城乡建设部．GB 50500—2013 建设工程工程量清单计价规范 [S]．北京：中国计划出版社，2013．

[2] 中华人民共和国住房和城乡建设部．GB 50856—2013 通用安装工程工程量计算规范 [S]．北京：中国计划出版社，2013．

[3] 规范编制组．《2013 建设工程计价计量规范辅导》 [M]．北京：中国计划出版社，2013．

[4] 中华人民共和国住房和城乡建设部，中华人民共和国财政部．《建筑安装工程费用项目组成》建标 [2013] 44 号 [S]．北京：中国计划出版社，2013．

[5] 中华人民共和国建设部．GYD‑202—2000《全国统一安装工程预算定额》(第二册 电气设备安装工程）[S]．北京：中国计划出版社，2000．

[6] 本书编写组．建筑电气工程造价编制 800 问 [M]．北京：中国建材工业出版社，2012．

[7] 梁敦维．建筑安装图识读技法 [M]．太原：山西科学技术出版社，2009．